Lehrbuch SRC und UBI

Beschränkt Gültiges Funkbetriebszeugnis,

Sprechfunkzeugnis für den Binnenschifffahrtsfunk

Inhaltsverzeichnis

Impressum

Autor Ingmar Neumann
2. Auflage 2018
ISBN 978-3-9815901-4-2

Kaiserstraße 4
13589 Berlin

Email: info@nautik-funk-berlin.de
www.nautik-funk-berlin.de
Tel. 030 - 887 64 577

Angaben zu Druck und Druckerei befinden sich auf der letzten Seite des Buches.

Hinweis: Dieses Buch ersetzt keine amtlichen Veröffentlichungen. Verlag und Autor übernehmen keine Gewährleistung für die Richtigkeit der in dem Buch erwähnten Informationen, Rufnummern (MMSI), Küstenfunkstellen, Kanäle und Verfahren.

1. Einführung

Dieses Buch dient der Vorbereitung auf die Prüfung zum Beschränkt Gültigen Funkbetriebszeugnis (Short Range Certificate - SRC) und dem Sprechfunkzeugnis für den Binnenschifffahrtsfunk (UBI). Es beinhaltet über 100 Grafiken und Abbildungen, detailreiche Menü- und Funktionsbeschreibungen der in Deutschland verwendeten **Prüfungsfunkanlagen IC-M503 mit dem DS-100-Controller** (ein separater DSC-Controller) und der **Nachfolgeanlage IC-M505**. Manche Prüfungsausschüsse besitzen

IC-M503 und DS100

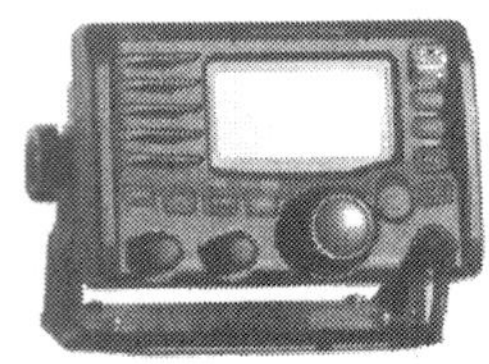

IC-M505

beide Anlagen, so dass sich der Kandidat eine dieser Anlagen für seine Prüfung aussuchen kann. Einige Prüfungsausschüsse prüfen womöglich nur mit der etwas älteren Anlage IC-M 503 und DS-100. Es empfiehlt sich daher, vor der eigenen Prüfung in Erfahrung zu bringen, mit welcher Anlage die Prüfung beim gewählten Prüfungsausschuss abgenommen wird.

In diesem Buch werden, wie auch in der Prüfung, schriftliche Aufgabenstellungen in englischer Sprache vorgegeben und die Lösungen mit genauer Menüführung beider Prüfungsfunkanlagen und den gesprochenen **Musterfunksprüchen als MP3-Download** nach neuen Sprechfunkverfahren (näheres im Kapitel "Sprechfunkverfahren nach WRC 07") dargestellt.
Diese Audiodateien stehen in einem per Link benannten ZIP-Verzeichnis zum Download bereit.

Alle im Prüfungsprotokollzettel beschriebenen **Pflichtaufgaben und sonstige Fertigkeiten** werden Schritt für Schritt mit der erforderlichen grafisch dargestellten Menüführung und dem dazugehörigen Sprechfunkverkehr in englischer Sprache erläutert.

2. Seefunk

Der mobile Seefunkdienst dient der Kommunikation zwischen Schiffen untereinander, zwischen Schiffen und Küstenfunkstellen sowie dem Funkverkehr an Bord. Ein wichtiger Vorteil des mobilen Seefunkdienstes ist seine Unabhängigkeit von netzgebundener Kommunikation. Mit Hilfe von Seefunkanlagen können Schiffe ohne Verbindung zum Land miteinander kommunizieren. Dafür ist weder an Land noch auf See eine Infrastruktur erforderlich. Somit funktioniert der Seefunkdienst auch in Krisengebieten oder bei Naturkatastrophen.

Neben dem terrestrischen mobilen Seefunkdienst existieren der mobile Seefunkdienst über Satelliten (Inmarsat) und das COSPAS-SARSAT-System für die Übermittlung von Seenotalarmen durch eine Seenotfunkbake (EPIRB).

Der Seefunk ist eine der ältesten Anwendungen der Funkkommunikation und wurde schon früh international geregelt. Heute sind die Grundlagen des Seefunks im SOLAS-Abkommen (International Convention for the Safety of Life at Sea) sowie in den Radio Regulations festgelegt, einer Anlage zum Internationalen Fernmeldevertrag.

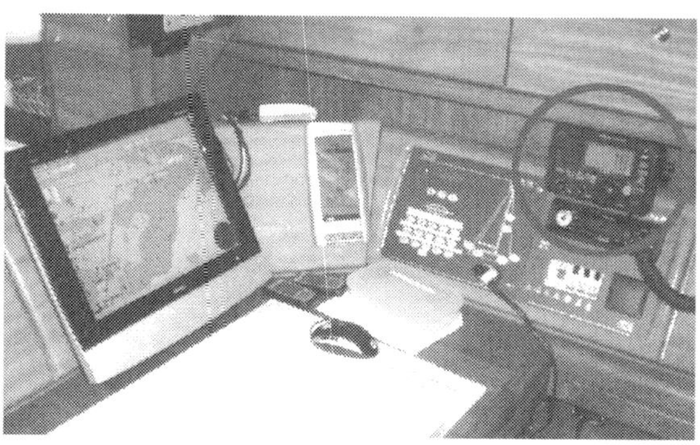

Seefunkanlagen an Bord von Yachten befinden sich oftmals unter Deck am Kartentisch, teilweise mit einem Außenlautsprecher oder einem zweiten Bedienteil am Steuerstand.

SOLAS - Safety of Life at Sea

Das SOLAS-Übereinkommen der IMO (International Maritime Organisation, www.imo.org) wird allgemein als der wichtigste aller internationalen Verträge über die Sicherheit der Schifffahrt angesehen. Die erste Version wurde im Jahr 1914 als Reaktion auf die Titanic-Katastrophe verabschiedet und in vielen Folgeversionen den jeweiligen zeitgemäßen Bedingungen und der technischen Entwicklung angepasst. Das Hauptziel des Übereinkommens ist es, sicherheitsrelevante Mindeststandards für den Bau, die Ausrüstung und den Betrieb von Schiffen zu setzen.

Die Flaggenstaaten müssen eigenverantwortlich sicherstellen, dass Schiffe unter ihrer Flagge die gesetzten Mindestanforderungen erfüllen und diese durch eine Reihe von Zertifikaten nachweisen. Ein Kapitel des SOLAS-Übereinkommens betrifft die Funkkommunikation bestimmter Schiffskategorien, die der Funkausrüstungspflicht unterliegen. Ab 1999 müssen beispielsweise alle Frachtschiffe **ab BRZ 300** auf internationaler Fahrt und **alle Fahrgastschiffe** nach den SOLAS-Vorschriften der IMO mit bestimmten Funkanlagen ausgerüstet werden. Allen weiteren Fahrzeugen, die nicht dem SOLAS-Abkommen unterliegen wie beispielsweise Sportboote und Traditionsschiffe wird empfohlen, bestimmte Funkanlagen mitzuführen.

Vollzugsordnung für den Funkdienst (VO Funk)

Die VO Funk (engl. Radio Regulations) ist ein Anhang des Internationalen Fernmeldevertrags. Die Vorschriften der VO Funk dienen der reibungslose Abwicklung des Seefunkdienstes.

Dazu zählen:

- **Genehmigungspflicht der Funkanlagen**
- **Prüfungsanforderungen der Funkzeugnisse**
- **Technische und betriebliche Anforderungen an Funkgeräte**
- **Handhabung des Fernmeldegeheimnisses**
- **Sprechfunk-Verkehrsverfahren, u.a. Abwicklung Not-, Dringlichkeits- und Sicherheitsverkehr**
- **Führung des Funktagebuches**
- **Kennzeichnung von Funkstellen (Rufzeichen, MMSI-Nummern)**
- **Frequenzverteilungen**
- **Aufteilung des Frequenzbereichs in Bänder für u.a. Rundfunk, Fernsehen u. Seefunk**
- **Frequenzbenutzung**
- **Gebührenabrechnung**

GMDSS

Das Global Maritime Distress Safety System (Weltweites Seenot- und Sicherheitsfunksystem) ist eine Zusammenfassung von technischen Einrichtungen, Dienststellen und Regeln zur weltweiten Hilfe bei Seenotfällen und zur Sicherung der Schifffahrt. Dieses im Jahre 1992 eingeführte Seefunksystem automatisiert die Alarmierung und bietet damit eine sicherere Positionsübermittlung im Seenotfall über verschiedene Kommunikationswege. Somit minimieren sich beispielsweise Fehler falscher oder missverstandener Positionsübermittlungen per Sprechfunk. Festgelegte Betriebsabläufe im GMDSS tragen dazu bei, dass innerhalb kürzester Zeit Seenotfälle bekannt gemacht und alle optimalen Hilfsmaßnahmen ohne Zeitverzögerung eingeleitet werden können.
Es ist ein Konzept, das sich aus Ausrüstungs- und Betriebsvorschriften zusammensetzt. Die Funkausrüstungsvorschriften sind im Kapitel 4 des SOLAS-Abkommens festgelegt und die Betriebsvorschriften in den Radio Regulations, die in die deutsche VO-Funk übersetzt wurde. Im Gegensatz zum alten Funksystem ist im GMDSS eine sichere Seenotalarmierung zur nächstgelegenen Rettungsleitstelle an Land innerhalb der unten erwähnten Seegebiete A1 bis A4 garantiert.

Bestandteile des GMDSS:

Seefunk- und Küstenfunkstellen. Seefunkstellen können beispielsweise mittels digitalem und analogem Seefunk einen Notruf aussenden und Küstenfunkstellen diesen empfangen und verarbeiten.

Ein **SART (Search and Rescue (Radar) Transponder)** erzeugt beim Empfang eines Radarstrahls ein eigenes starkes und gerichtetes Echo und erleichtert so die Ortung. Solche Transponder werden auf Schiffen und Flugzeugen eingesetzt, damit diese bei Seenotfällen oder Flugunfällen von den Rettungskräften schneller gefunden

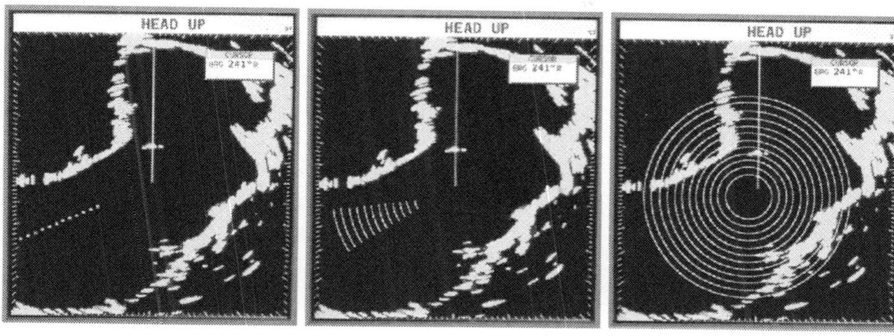

werden können. Wenn ein SART eines Havaristen noch über 5 Seemeilen von der eigenen Radarantenne entfernt ist, sieht man auf dem Bildschirm sechs bis 12 Punkte oder Striche, die in die Richtung des Havaristen weisen.

Bei einer Entfernung von einer bis fünf Seemeilen werden die Punkte zu einem Kegel mit Spitze. Bei einer Entfernung von einer bis fünf Seemeilen werden die Punkte zu einem Kegel mit Spitze. Bei einer Entfernung von unter einer Seemeile ist das SART-Echo als Halb- oder Vollkreis erkennbar.

EPIRB (Emergency Position Indicating Radio Beacon). EPIRB´s sind Seenotfunkbaken, die nach manueller oder automatischer Auslösung an die COSPAS/SARSAT-Satelliten ein Notsignal samt Positionsdaten und Schiffskennung übermitteln. So können rettungsbedürftige Schiffe, Personen oder Flugzeuge im Havariefall weltweit geortet werden. Nach der Auslösung sendet die Bake ein Alarmierungssignal, meist auf 406 MHz. Dieses Notsignal wird von Satelliten des COSPAS/SARSAT-Systems empfangen und an eine Bodenstation übermit**telt. Letztendlich gelangen die Not**falldaten in eine Rettungsleitstelle (Rescue Coordination Center, RCC). Zusätzlich zum Alarmierungssignal senden sie meist noch ein Peilsignal auf 121,5 MHz aus, das den SAR-Flugzeugen oder -schiffen das Anpei-

Epirb an Bord einer Segelyacht

len der genauen Notposition vor Ort ermöglicht (auch "homing-signal" genannt).

RACON basiert auf einer ähnliche Technik wie ein SART und wird auf Seezeichen eingesetzt, damit diese bei schlechter Sicht für Schiffe auf dem Radarschirm auffälliger werden und im Radarbild sehr deutlich erscheinen.

COSPAS/SARSAT ist ein internationales, satellitengestütztes Such- und Rettungssystem zur Lokalisierung von Notfunkbaken. Es besteht aus polumlaufenden Satelliten, die die Notfrequenz **406 MHz** abhören sowie Empfangsstationen auf der Erde zum Empfang von Notmeldungen. Die Satelliten umlaufen die Erde in etwa 100 Minuten und decken im Laufe der Zeit die gesamte Erdoberfläche ab. Da ein solcher Satellit eine relativ hohe Eigenbewegung gegenüber der Signalquelle besitzt, ändert sich die empfangene Frequenz durch den Doppler-Effekt. Mit Hilfe dieser Frequenzänderung kann durch mehrere Messungen im Abstand von etwa 15 Minuten die ungefähre Position der Signalquelle bestimmt werden. Nach **vier Stunden** wird die Bake spätestens von einem der Satelliten erfasst, so dass sich die Alarmierungszeit etwa zwischen diesen beiden Werten bewegt. Wenn die sendende Notfunkbake ihre Position durch einen integrierten GPS- Empfänger übermitteln kann, wird diese im Notsignal mitgesendet, so dass eine viel genauere Ortung möglich ist. Zusätzlich zu den polumlaufenden Satelliten gibt es im COSPAS/SARSAT-System fünf geostationäre Satelliten, die ebenfalls Signale auf 406 MHz empfangen.

INMARSAT besteht aus geostationären Satelliten, den automatischen Vermittlungsstationen auf der Erde und den mobilen Satellitenfunkstellen auf Schiffen. Die Organisation Inmarsat (Abk. für International Maritime Satellite) wurde 1979 von der UN-Unterorganisation International Maritime Organization (IMO) mit der Aufgabe gegründet, Nachrichtenverbindungen für die Hochseeschifffahrt über geostationäre Satelliten herzustellen. Das System deckt den Globus mit Ausnahme der beiden Polkappen bis ca. 70° N und 70° S ab. Um eine Verbindung mit einem der Satelliten aufzubauen, muss er vom Schiff mit einer speziellen Parabolantenne angepeilt werden, in manchen Fällen reicht auch eine einfache Antenne. Inmarsat ermöglicht nicht nur Telefonie, sondern auch alle anderen Arten der Datenübertragung wie Email, Video, Telefax etc.

Maritime Rescue Coordination Center (MRCC), Einsatzzentralen zur Koordinierung der Hilfeleistung auf See. Das MRCC Bremen leitet und koordiniert den Seenotverkehr in Deutschland.

NAVTEX

Navtex ist ein Funkfernschreibsystem, mit dem Notmeldungen, meteorologische Warnungen, Wettervorhersagen und sonstige nautische Informationen für einzelne Seebereiche verbreitet werden.

Die Nachrichten werden mit fehlerkorrigierenden Funkfernschreibverfahren auf der Frequenz **518 kHz** in englischer Sprache und in einigen Ländern auch auf der Frequenz **490 kHz** in Landessprache alle 4 Stunden verbreitet und können im Idealfall bis zu **600 sm** weit empfangen werden Für die Aussendung der Informationen ist die Welt in 17 international festgelegte Vorhersage- und Seewarngebiete eingeteilt, sogenannte Navareas.

Kleiner Navtex Empfänger für Yachten

In den **Navareas** werden die einzelnen Sender dieser Seegebiete mit Buchstaben von A bis Z bezeichnet. Im Display eines Navtex-Empfangsgeräts erscheinen alle Stationen als Kennbuchstaben A bis Z. Jede Station kann abgewählt und so eine individuelle Auswahl erstellt werden, z.B.:

"AbcdefGHIijklmnopqrStuvwXYZ"

Großbuchstabe = Navtex-Sendungen des für diesen Buchstaben stehenden Seegebietes werden eim Display angezeigt.
Kleinbuchstabe = Navtex-Sendungen des Seegebietes werden unterdrückt.

Navigationswarnungen, Meteorologische Warnungen und SAR-Meldungen können bei der Programmierung eines NAVTEX-Empfängers nicht unterdrückt werden.

```
<04.07.2018 16:03:06>
ZCZC GA33
WZ 1057
ENGLAND, EAST COAST. SPURN HEAD EASTWARDS.
1. EXPOSED SECTIONS OF SUBMARINE CABLE AND UNDERWATER
OPERATIONS BY CABLESHIP ASEAN AND MV VAN OORD IN AREA BOUNDED BY
53-32.2N 000-03.1E, 53-48.3N 001-33.9E, 53-49.3N 001-43.1E AND 53-
27.5N 000-13.2E.
2. CANCEL WZ 912 (GA59).
NNNN
```

Beispiel einer Navtex-Meldung

AIS - Automatic Identification System

AIS steht für "Automatic Identification System" und tauscht über UKW Schiffsdaten aus wie beispielsweise die Schiffsposition, Kurs und Geschwindigkeit, Schiffstyp, Schiffsdimensionen, Kennzeichnung und Ladung. So dient es der Kollisionsverhütung zwischen Schiffen, der Verkehrsüberwachung und Lenkung sowie als Informationsquelle für die Küstenstaaten über die passierenden Schiffe und ihre Ladung. Die AIS-Daten können auf einem separaten Monitor dargestellt oder wie die Abbildung oben zeigt, als Ebene auf den Radarschirm gelegt werden. Die sichtbaren Dreiecke sind die AIS-Signale umliegender Schiffe. Im Zentrum ist das eigene Schiff. Die etwas schwammigen gelben Flecke sind die Radarechos dieser Schiffe. Moderne Multifunktions-displays erlauben die Darstellung von Seekarte, Radarbild und AIS-Signalen auf einem Schirm. Auf einzelne AIS-Klassen wird hier nicht weiter eingegangen.

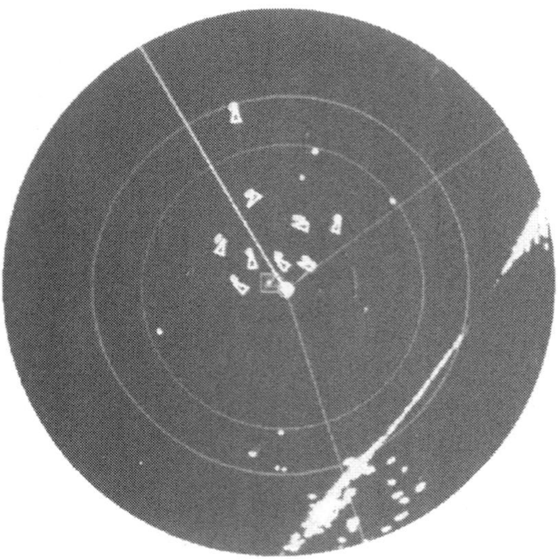

AIS-Anzeige auf einem Tanker

AIS im Funkgerät

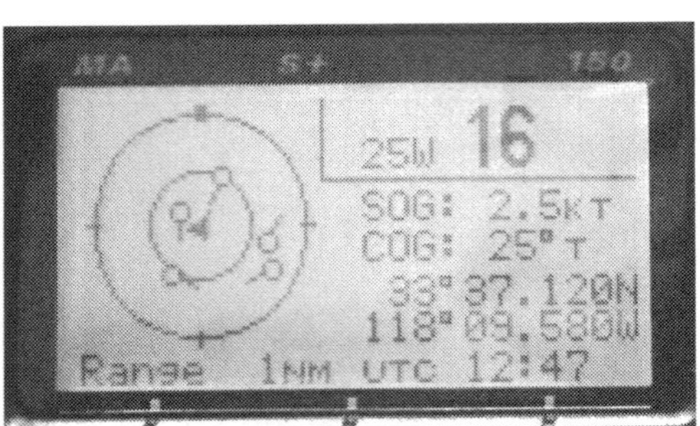

Für Sportboote sind UKW-Funkanlagen mit einem integrierten AIS-Empfänger erhältlich. Auf diesem ist im Display ein kleiner AIS-Schirm sichtbar, der grob die umliegenden mit AIS ausgerüsteten Schiffe anzeigt.

Weltweite AIS-Signale von Schiffen in Küstennähe werden zum Beispiel auf der Seite **www.marinetraffic.com** mit einer geringen zeitlichen Verzögerung dargestellt.

Einteilung der Seegebiete A1 bis A4

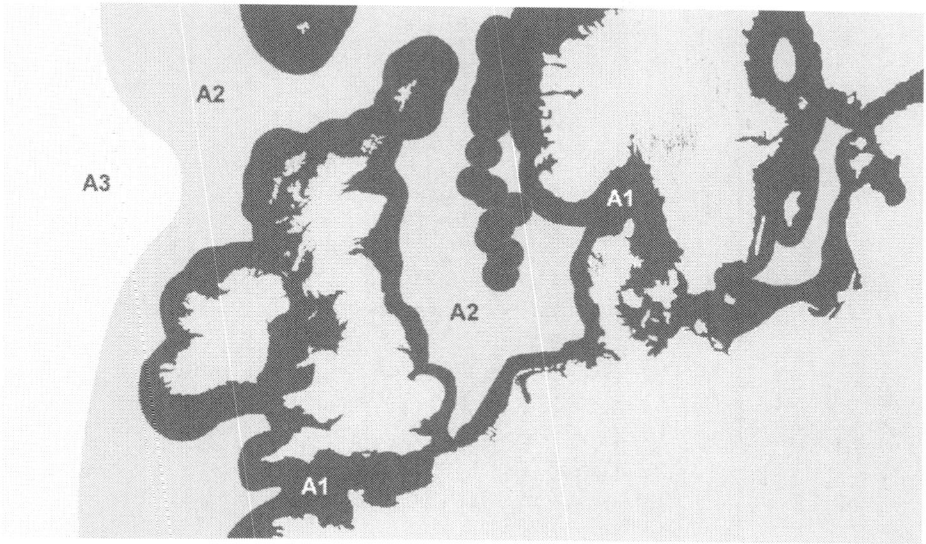

Seegebiete A1 bis A3

Seegebiet A1: Ein Seegebiet, in dem innerhalb der UKW-Sprechfunkreichweite mindestens eine UKW-Küstenfunkstelle für DSC-Alarmierungen (Kanal 70) und Sprechfunkservices zur Verfügung steht. Dieses Gebiet hat eine Ausdehnung von etwa **30 - 40 Seemeilen** um die Küstenfunkstellen. Alle Schiffe, die nach den SOLAS-Vorschriften einer Funkausrüstungspflicht unterliegen, müssen in diesem Gebiet mit ihrer Funkausrüstung sowohl UKW-Sprechfunk als auch UKW-DSC-Rufe durchführen können und als zweiten Alarmierungsweg entweder eine Satelliten-Seenotfunkbake oder eine Satellitenfunkanlage mitführen.

Seegebiet A2: Ein Gebiet außerhalb vom Seegebiet A1, in dem innerhalb der Grenzwellen-Sprechfunkreichweite mindestens eine GW-Küstenfunkstelle ununterbrochen für DSC-Alarmierungen (2187.5 kHz) und Sprechfunkservices zur Verfügung steht. Dieses Gebiet umfasst einen Bereich von rund **150 Seemeilen** Distanz zur Küstenlinie, abzüglich der durch das A1-Gebiet abgedeckten Bereiche. In der Praxis geht die Grenzwellen-Sprechfunkreichweite häufig über die 150 Seemeilen hinaus, so dass nachts je nach Sendeleistung noch in 400 Seemeilen Abstand von der Küstenlinie die Küstenfunkstelle kontaktiert werden kann.

Seegebiet A3: Ein Gebiet außerhalb der Seegebiete A1 und A2, das von einem geostationären Inmarsat-Satelliten abgedeckt wird. Inmarsat garantiert, dass das System **zwischen 70° Süd und 70° Nord** arbeitet, obwohl es häufig auch im Bereich von 76° Grad Süd und 76° Nord funktioniert. Schiffe in diesem Gebiet müssen zusätzlich über eine Kurzwellen-Funkanlage oder mit einer Inmarsat-Satellitenfunkanlage ausgestattet sein.

Seegebiet A4: Ein Gebiet außerhalb der Seegebiete A1, A2 und A3. Dieses besteht im Wesentlichen aus den **Polarregionen**, nördlicher und südlicher von ungefähr 76°. Hier ist eine sichere Kommunikation über das INMARSAT-Satellitenfunksystem nicht möglich, jedoch besteht die Möglichkeit, mit DSC-Grenzwellen- und Kurzwellenfunkanlagen über Sprechfunk, DSC- und Funktelexverkehr Kontakt zur Küste aufzubauen.

3. Seefunkstellen

Seefunkstellen sind bewegliche Funkstellen des Seefunkdienstes an Bord von nicht permanent verankerten Schiffen. Nachrichten von und zu Schiffen auf hoher See und von und zu Küstenfunkstellen können telegrafisch oder telefonisch (Sprechfunk) weitergeleitet werden. In Notfällen dienen Seefunkstellen der Kommunikation mit dem für das Seegebiet zuständigen Maritime Rescue Coordination Center (MRCC) und den Rettungskräften zu Wasser und zu Luft. Das SRC-Funkzeugnis befähigt zum Bedienen von UKW-DSC-Funkanlagen.

UKW-DSC Funkanlage

Betrieb einer Seefunkstelle

Folgende Voraussetzungen sind für den Betrieb einer Seefunkstelle grundsätzlich zu erfüllen:

- Die Anlagen für Seefunkstellen sind zulassungs- und genehmigungspflichtig. Die Frequenz- und Rufzeichenzuteilung erfolgt in Deutschland durch die Bundesnetzagentur. Nach Erhalt der sogenannten **Nummernzuteilungsurkunde**, zuvor Frequenzzuteilungsurkunde genannt, darf die damit zugelassene Seefunkanlage genutzt werden.

- Für den Seefunk werden in Deutschland nur Funkgeräte zugelassen, die durch das Bundesamt für Seeschifffahrt und Hydrographie freigegeben wurden. Der Einbau von Funkanlagen ist genehmigt, wenn diese Geräte für den Seefunkdienst typengeprüft und somit zugelassen sind. Mit der Zulassung erhält die Funkanlage eine **Zulassungsplakette**, die am jeweiligen Gerät angebracht ist. Wird eine Funkanlage betrieben, die keine Zulassung vom BSH besitzt, macht sich der Nutzer strafbar.

- Der Bediener muss über ein ausreichendes **Funkzeugnis** verfügen. Für UKW-DSC-Anlagen ist mindestens das Beschränkt Gültige Funkbetriebszeugnis, (Short Range Certificate SRC), erforderlich.

Ist eine Yacht mit einer UKW-DSC-Anlage ausgestattet, muss diese Anlage während der Fahrt eingeschaltet sein, was eine Funkbenutzungspflicht darstellt. Der **Schiffsführer** muss das Short Range Certificate besitzen. Dieses berechtigt zur Teilnahme am weltweiten Seenot- und Sicherheitsfunksystem (GMDSS) per

Sprechfunk mit einem UKW-DSC-Controller auf Sportbooten und Traditionsschiffen, jedoch nicht auf funkausrüstungspflichtigen Schiffen.

Das SRC ist international gültig, jedoch nur innerhalb der 12-Seemeilenzonen der Länder erforderlich, die eine Funkzeugnispflicht vorschreiben. Voraussetzungen für den Erwerb in Deutschland sind ein Mindestalter von 15 Jahren und Grundkenntnisse der englischen Sprache.

Charterboote über 12 m Länge müssen nach der See-Sportbootverordnung (SeeSpbootV) mit einer GMDSS-Funkanlage ausgerüstet sein. Der Skipper muss deshalb auch im Besitz eines ausreichenden Seefunkzeugnisses sein.
Für die Nutzung von Navtex und satellitengestützten Seenotfunkbaken (EPIRB) sind keine Funkzeugnisse erforderlich.

Fernmeldegeheimnis

Das Fernmeldegeheimnis im Grundgesetz von 1949 gehört zu den Grundrechten (Art. 10 Grundgesetz). Die genauere Beschreibung im Telekommunikationsgesetz, Paragraph 88, Abs. 1, verbietet unbefugtes Abhören, Unterdrücken, Verwerten oder Entstellen von Fernmeldebotschaften die beispielsweise auch über Funk übermittelt werden. Die Verletzung des Fernmeldegeheimnisses ist eine im StGB erwähnte Straftat.

Dem Fernmeldegeheimnis unterliegt der **Inhalt der Funkgespräche**. Es dürfen lediglich Nachrichten aufgenommen werden, die direkt an die eigene Funkstelle oder an alle Seefunkstellen adressiert wurden. Dritte dürfen nicht in Kenntnis über den Inhalt der übertragenen Nachricht gesetzt werden, nur ein Richter kann während eines Verfahrens von der Wahrung des Fernmeldegeheimnisses entbinden. Alle an Bord befindlichen Personen die die Funkanlage bedienen bzw. beaufsichtigen, müssen das Fernmeldegeheimnis wahren. Weiterhin müssen alle Personen, die von dem Inhalt und dem Vorhandensein von Seefunkgesprächen oder jeder anderen über eine Funkverbindung erlangten Nachricht Kenntnis erhalten, darüber **Stillschweigen** bewahren. Es darf noch nicht einmal verbreitet werden, dass überhaupt ein Fernmeldeverkehr stattgefunden hat. Die Wahrung des Geheimnisses besteht nicht gegenüber der Person die das Fahrzeug führt oder deren Stellvertreter.

Kennzeichnung der Funkanlagen

Die Bundesnetzagentur, Außenstelle Hamburg, vergibt an Antragssteller Identifikationsmerkmale wie eine MMSI-Nummer, ein Rufzeichen und für den Binnenfunk eine ATIS-Kennung.
Auf der Homepage der ITU (www.itu.org) findet man die sogenannte "**List of Ship Stations**", in der alle Seefunkstellen über eine Eingabemaske per Schiffsname, Rufzeichen oder MMSI-Nummer identifizierbar sind. Einer Funkstelle ist jede Aussendung ohne oder mit einer falschen Kennung verboten. Im Sprech-Seefunkdienst werden Funkstellen durch ein Rufzeichen gekennzeichnet. Dieses dient

nach den Regelungen der Internationalen Fernmeldeunion (ITU) zur Identifikation einer Funkstation. In den Funkdiensten in denen ein Rufzeichen verwendet wird, muss die Rufzeichennennung gemäß dem Internationalen Fernmeldevertrag im internationalen Funkverkehr nach dem ICAO-Alphabet erfolgen.

Die Rufzeichen der deutschen Seefunkstellen werden aus der internationalen Rufzeichenreihe DAAA – DRZZ gebildet, laut "Table of International Call Sign Series (Appendix 42 to the RR)". Deutschen Schiffen, denen vom **Seeschiffsregister** ihres Heimathafens ein Unterscheidungssignal zugeteilt worden ist, verwenden dieses im Seefunkdienst als Rufzeichen, z.B.: **DMJK**.
Suche nach Schiffsnamen und Rufzeichenbei der Seefunk-Datenbank der International Telecommunication Union (ITU) - Internationale Fernmeldeunion **www.itu.int/online/mms/mars/ship_search.sh**.

Nicht ins Schiffsregister eingetragene Schiffe erhalten von der Bundesnetzagentur, Außenstelle Hamburg, ein Rufzeichen aus zwei Buchstaben und vier folgenden Ziffern, z.B.: DB7892. Funkstellen auf Überlebensfahrzeugen von Schiffen erhalten das Rufzeichen der Seefunkstelle des Mutterschiffes mit zwei nachfolgenden Ziffern von denen die erste nicht 0 oder 1 sein darf, z.B.: DMJK36.

Küstenfunkstellen (KüFuSt) werden durch den geographischen Namen ihres Ortes + »RADIO« gekennzeichnet, z.B. **Kiel Radio**.
Die **MMSI-Rufnummer** (Maritime Mobile Service Identity) bezeichnet eine neunstellige, weltweit gültige Rufnummer des mobilen Seefunkdienstes zur Kennzeichnung einer See- oder Küstenfunkstelle des GMDSS. Hierbei besitzt jede See- oder Küstenfunkstelle die mit mindestens einer GMDSS-fähigen Seefunkanlage ausgerüstet ist, eine eigenständige MMSI-Nummer. Mit Hilfe der MMSI ist es somit über **Digitale Selektivrufe (DSC)** möglich, ein Seefunkgespräch mit einer bestimmten See- oder Küstenfunkstelle anzumelden und anschließend per Sprechfunk durchzuführen. Für Seefunkstellen, Küstenfunkstellen und Gruppen von Seefunkstellen werden unterschiedliche MMSI verwendet.

Die **MMSI einer Seefunkstelle** besteht aus der dreistelligen MID (Maritime Information Digit), die das Heimatland der Seefunkstelle kennzeichnet, gefolgt von sechs Ziffern von 0 bis 9, die die Seefunkstelle eindeutig kennzeichnen. Deutschland hat die MID 211, so dass die MMSI einer deutschen Seefunkstelle wie folgt aufgebaut ist: 211xxxxx0.

211634200

Die **MMSI einer Küstenfunkstelle** besteht aus zwei Nullen, gefolgt von der MID und vier Ziffern von 0 bis 9, welche die Küstenfunkstelle eindeutig kennzeichnen. Die Seenotleitstelle (MRCC) Bremen hat die MMSI 002111240.

Die **MMSI einer Gruppe von Seefunkstellen** (z.B. aller Seefunkstellen einer Reederei) besteht aus einer Null, gefolgt von der MID und fünf Ziffern von 0 bis 9, beispielsweise 0211xxxx0. Damit lassen sich beispielsweise Kanalvorschläge für einen gewünschten Routine-Sprechfunkverkehr gleichzeitig an alle Schiffe dieser Gruppe versenden.

MMSI-Nummern	Deutschland	Irland	Frankreich	UK (232, 233, 234 oder 235)
MMSI Schiff	211xxxxx0	250xxxxx0	227xxxxx0	232xxxxx0
MMSI Küste	00211xxx0	00250xxx0	00227xxx0	00232xxx0
MMSI Gruppe	0211xxxx0	0250xxxx0	0227xxxx0	0232xxxx0

MMSI-Nummern werden bei jeder Aussendung mit dem DSC-Controller übertragen.

Auf dem Bild unten ist die MMSI von **Bremen-Rescue** sichtbar. Das MRCC hat einen Notalarm eines anderen Schiffes bestätigt. Nicht nur der Havarist, sondern jedes Schiff in Reichweite mit einer DSC-Funkanlage empfängt diese Nachricht und wird somit informiert, dass Hilfe von der Küstenrettung eingeleitet wird.

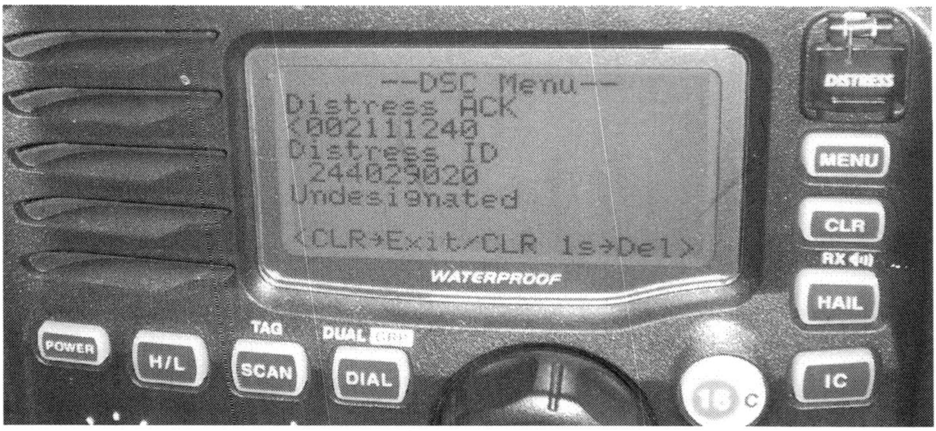

Eine Notalarm-Bestätigung durch das MRCC Bremen

Zuteilungsurkunde

Die Zuteilungsurkunde, **ehemals Frequenzzuteilungsurkunde**, ist die Genehmigung für die Nutzung bestimmter funktechnischer Anlagen (Funkanlagen, EPIRB´s, AIS-Anlagen, SART) für den Seefunk unter den nationalen, regionalen und international vorgeschriebenen Bedingungen und Auflagen. Funkstellen dürfen erst betrieben werden, wenn die **Bundesnetzagentur (BnetzA)** die Zuteilungsurkunde per Post zugestellt hat.

Bundesrepublik Deutschland

Bundesnetzagentur
für Elektrizität, Gas, Telekommunikation, Post und Eisenbahne

ZUTEILUNGSURKUNDE

Muster

Frequenzzuteilung zum Betreiben der nachfolgend gekennzeichneten Funkstelle des bewegliche Seefunkdienstes aufgrund des § 55 des Telekommunikationsgesetzes (TKG) 22. Juni 2004 (BGBl. I S. 1190).

lame der Funkstelle:	PERUVIAN	Rufzeichen:	DB XXXX
MSI/DSC:	211 XXXXXX		
TIS-Kennung:	9211 XXXXXX		
etreiber und Standort der Funkstelle:	Max Mustermann Musterstadt + Straße		
stl. abweichender oder ... Standort			

e auf Seite 2 der Frequenzzuteilung beschriebene Seefunkanlage wird im/in chulungsraum/räumen der Ausbildungsstätte des o.a. Betreibers installiert. Sie darf nur im Rah n Schulungen und Prüfungen für den Erwerb von Funkbetriebszeugnissen unter folgenden Aufla trieben werden.

Das Anschließen von Antennen jeder Art, die eine Abstrahlung der erzeugten Hochfrequenzene ermöglichen, ist nicht zulässig.

Andere Fernmeldeanlagen oder andere Funkanlagen dürfen nicht gestört werden.

Im Störungsfall ist der Betrieb einer Funkanlage auf Weisung der Bundesnetzagentur für Elektriz Gas, Telekommunikation, Post und Eisenbahnen sofort einzustellen.

Der Inhaber dieser Frequenzzuteilung ist zur Wahrung des Fernmeldegeheimnisses (vgl. §§ 8 TKG) verpflichtet. Er ist dafür verantwortlich, dass alle Personen, die mit der Bedienung Beaufsichtigung der Funkanlagen befasst sind, darauf hingewiesen werden.

Den Beauftragten der Bundesnetzagentur ist das Betreten der Räume, in denen sich

Muster einer Zuteilungsurkunde

Dies geschieht nach Antragstellung durch den Eigentümer einer Funkstelle auf einem deutschen Schiff, im Internet unter **www.bundesnetzagentur.de**. Der Antrag kann direkt von der Seite heruntergeladen werden. Die Zuteilungsurkunde ist im Schiff aufzubewahren und muss berechtigten Personen jederzeit im Original vorgelegt werden können.

Sie entspricht international der **Ship Station Licence**. Nach dem **Telekommunikationsgesetz (TKG)** ist für jede Frequenznutzung eine Frequenzzuteilung erforderlich. Das Errichten und Betreiben jeder Funkanlage ist nach den Bestimmungen des Telekommunikationsgesetzes genehmigungspflichtig. Das Errichten (d.h. der Einbau) von Funkanlagen ist allgemein genehmigt, wenn die Geräte für den Seefunkdienst zugelassen sind (Prüfplakette BSH).

Inhalt der Zuteilungsurkunde[1]

- Darstellung des Frequenzspektrums, das für den Funkbetrieb verwendet werden darf.
- Namen des Schiffes, Länge, Breite, max. Personenanzahl.
- Rufzeichen MMSI-Nummer, ATIS-Kennung, Satelliten-ID.
- Art der Funkanlage, EPIRB, AIS, Radartransponder
- Daten, Anschrift des Eigentümers
- Ggf. Kennung der Abrechnungsgesellschaft für den entgeltpflichtigen Nachrichtenaustausch (zum Beispiel DP01, DP07). Damit kann man z.B. übers Funkgerät ins Festnetz telefonieren.

1 Antrag auf Zuteilung von Nummern des mobilen See- und Binnenschifffahrtsfunks, Bundesnetzagentur 2015

Ultrakurzwellen

Ultrakurzwellen breiten sich wie das Licht unabhängig von der Tageszeit vollkommen geradlinig aus. Sie reflektieren in den allermeisten Fällen nicht an der Ionosphäre, folgen auch nicht der Erdkrümmung und verfügen daher nur über eine rein quasi-optische Reichweite. Sie sind gegenüber atmosphärischen Störungen kaum anfällig

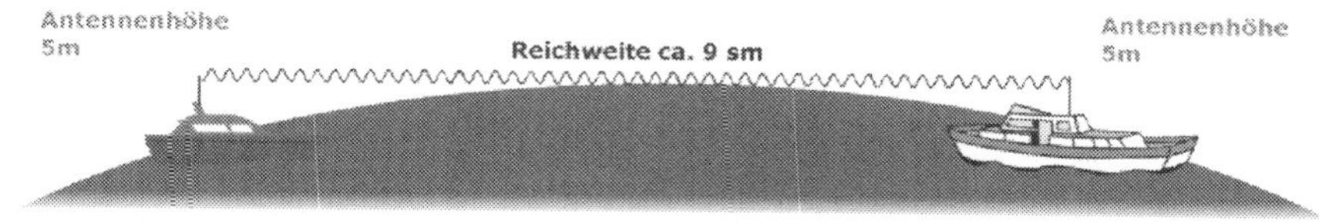

UKW - quasioptische Ausbreitung

und reichen maximal bis zum Horizont oder bis zu der Antenne einer Funkstation, die über den Horizont herausragt. Demzufolge ist für die Reichweite die Höhe der Antenne entscheidend. Je höher die Antenne steht, desto größer die Reichweite. Diese beträgt im terrestrischen Sprechfunk über UKW maximal 35 sm und mit dem UKW-DSC-Controller rund 60 sm.

Sind die Antennen zweier Motoryachten beispielsweise nur rund **5 Meter** oberhalb der Wasseroberfläche installiert, so begrenzt der Horizont relativ früh die Reichweite, welche im oberen Beispiel auch mit 25 Watt Sendeleistung nur rund 9 Seemeilen beträgt. Somit kann die rein theoretisch mit 25 Watt erzielbare Sprechfunkreichweite von ca. 35 Seemeilen wegen der Erdkrümmung kaum erreicht werden.

Selbst wenn die Antennen auf den Masten zweier miteinander kommunizierender Segelschiffe in **18 Metern** Höhe angebracht sind, beträgt die Reichweite nur rund 17 Seemeilen.

Lediglich ein Gespräch zwischen Schiff und Küstenfunkstelle ermöglicht aufgrund der sehr hohen Antenne der Küstenfunkstelle auch eine größere Reichweite. Es sollte für den Fall eines Defekts der Antenneninstallation (Kabelbruch) aus Sicherheitsgründen immer eine Ersatzantenne oder ein Handsprechfunkgerät mitgeführt werden.

Der UKW-Bereich für den Seefunkdienst liegt zwischen 156 MHz und 174 MHz, wobei in diesem Spektrum 54 Kanäle zur Verfügung stehen, nämlich die Kanäle 1 bis 28 und die Kanäle 60 bis 88.
Seit dem 1. Januar 1986 darf der **Kanal 70** nicht mehr für den Sprechfunkverkehr genutzt werden, da dieser ausschließlich dem Digitalen Selektivrufsystem (DSC) vorbehalten ist. Auf UKW-DSC-Anlagen ist durch eine entsprechende Sperre sichergestellt, dass Kanal 70 im Seefunkmodus gar nicht benutzt werden kann.
Durch Sprechfunkaussendungen auf Kanal 70 könnten nämlich DSC-Anrufe gestört werden. Somit wird Sprechfunkverkehr auf Kanal 70 als Verstoß gegen geltende Bestimmungen des Seefunkdienstes behandelt. Beim Benutzen der Arbeitskanäle im Ausland müssen die Bestimmungen des betreffenden Landes beachtet werden.

Digital Selective Calling (DSC)

Beim DSC geschieht der Anruf durch Übermittlung einer Telex-Sendung, wobei sowohl sendende als auch empfangende Funkstelle(n) mit Zusatzgeräten an ihren Seefunkanlagen (sog. DSC-Controllern) ausgerüstet sein müssen. Die rufende Funkstelle gibt hierbei die MMSI der angerufenen Funkstelle(n), die Art des Anrufes (Not-, Dringlichkeits-, Sicherheits- oder Routineverkehr) sowie ggf. den Kanal für den folgenden Sprechfunkverkehr in den DSC-Controller ein. Auf dem Display des Controllers wird angezeigt, wer aus welchem Grund und wann gerufen hat und auf welcher Sprechfunk- oder Telexfrequenz der angekündigte Funkverkehr abgewickelt werden soll.

Insbesondere im Notfall ist der DSC-Controller sehr hilfreich, da dieser nach dem Drücken der **Distress-Taste** automatisch die genaue Uhrzeit und Position (sofern ein GPS-Gerät angeschlossen ist) bzw. die letzte von Hand eingegebene Position und Uhrzeit sowie die MMSI des Schiffes in Not mitsendet.

Falls im Falle einer Havarie noch genügend Zeit dafür verbleibt, kann sogar zur Präzisierung des Notfalls in einem Auswahlmenü des DSC-Controllers mit einem Schlagwort die **Art des Notfalls** angegeben werden. Detailliertere Angaben wie z.B. die genaue Ursachenbeschreibung mit den näheren Umstände an Bord, die Anzahl aller an Bord befindlichen Personen, Informationen, wie lange das Schiff möglicherweise noch gehalten werden kann, das Vorhandensein bestimmter Rettungsmittel wie Rettungswesten, Kälteschutzanzügen und Rettungsinseln und die Art der gewünschten Hilfeleistung erfolgen im Anschluss an den DSC-Alarm mittels Sprechfunk. DSC ist somit auch im Notfall kein Ersatz für den Sprechfunkverkehr, sondern dient lediglich der Erstalarmierung. Hinweis: Die Distress-Taste kann man nicht auf ihre Funktion testen.

Vorteile des DSC: Der DSC-Controller hat einen eigenen Empfänger, der permanent Kanal 70 auf eingehende Anrufe überwacht, auch wenn das Funkgerät auf einen beliebigen Sprechfunkkanal eingestellt ist. Auf der/den gerufenen Funkstelle(n) wird mit einem akustischen und optischen Signal auf den eingehenden Anruf hingewiesen, so dass eine ständige Überwachung des gesamten Funkverkehrs auf relevante Anrufe nicht erforderlich ist. Die per DSC übertragenen Daten erscheinen schriftlich auf dem DSC-Controller der gerufenen Funkstelle, so dass Fehler durch Mitschreiben des Anrufes oder durch unverständliche Sprachübermittlung vermieden werden. Die per DSC übertragenen Daten werden in einem Speicher des DSC-Controllers abgelegt und können somit jederzeit erneut abgerufen werden.

Auf UKW-Kanal 70 (156,525 MHz) werden die Daten mit einer Datenrate von 1200 Baud übertragen, so dass eine Übermittlung eines DSC-Anrufes etwa eine halbe Sekunde dauert.

UKW-DSC Bedieneinheit an Deck

Oftmals befinden sich Funkanlagen an Bord von Segelyachten nicht direkt am Steuerstand, sondern am Navigationstisch, so dass eingehende Funkmeldungen je nach Wetterlage und dementsprechender Geräuschkulisse, am Steuerstand nicht hörbar sind. An einigen Funkanlagen kann per Kabelverbindung zum Steuerstand ein **spezielles Mikrofon** (siehe Abbildung) angeschlossen werden das eine Bedienung der gesamten Funkanlage, inklusive der Notalarmauslösung, vom Deck aus ermöglicht.

4. Küstenfunkstellen

Küstenfunkstellen sind **ortsfeste Funkstellen des mobilen Seefunkdienstes**, die Nachrichten von und zu Schiffen auf hoher See telegrafisch oder telefonisch weiterleiten. In Notfällen ist über sie die Kommunikation mit den Rettungskräften möglich.

Küstenfunkstellen dienen beispielsweise der Vermittlung des öffentlichen Fernmeldeverkehrs (in diesem Falle Funktelegramme und Funkgespräche) zwischen den Seefunkstellen und den Fernmeldenetzen an Land.

Aus allen Seegebieten der Erde laufen private Telefongespräche und Telegramme und eine noch größere Anzahl von dienstlichen Angelegenheiten über derartige Funknetze, wie Nachrichten von und an Reedereibüros, Charterer, Schiffsmakler und Hafenbetriebe.

Neben diesen kommerziellen Aufgaben gehören die ununterbrochene Beobachtung der Telegrafie- und Sprechfunk-Notfrequenzen, die Leitung des Not- und Dringlichkeitsfunkverkehrs innerhalb des Seenotbereichs der zuständigen Küstenfunkstelle zum Umfang der Arbeit, ebenso die koordinierte Weitergabe von Informationen über Seenotfälle an die zuständigen Dienststellen und Organisationen der Rettungsdienste.

Öffentlicher Funkverkehr

Küstenfunkstellen für den öffentlichen Nachrichtenaustausch wickeln unter anderem Funkverkehr vom Schiff über die Küstenfunkstelle als Schnittstelle ins öffentliche

Telefonnetz ab. Somit wird ein Telefonat vom UKW-Sprechfunkgerät über die Küstenfunkstelle ins Fest- oder Mobilfunknetz ermöglicht. Weiterhin kann ein Funktelegramm- und Fernschreibverkehr über das öffentliche Netz zwischen Schiff und Land erfolgen. Gekennzeichnet werden diese Küstenfunkstellen durch die Nennung des geographischen Namens und das Wort **»RADIO«**, wie z.B. Kiel Radio.

Die Teilnahme am öffentlichen Nachrichtenaustausch erfordert einen Vertrag mit einer von der Bundesnetzagentur akkreditierten Abrechnungsgesellschaft, die einen eigenen Abrechnungscode, **Accounting Authority Identification Code (AAIC)**, besitzt. Dieser Abrechnungscode muss bei der Zulassung der Funkanlage in dem Antrag auf Frequenzzuteilung vermerkt werden. So können beispielsweise die Kosten eines vermittelten Telefonats vom Schiff ins Festnetz über eine Abrechnungsgesellschaft dem richtigen Vertragspartner zugeordnet werden. Ein typischer Abrechnungscode lautet beispielsweise DP07, welcher zur Gesprächsanmeldung genannt werden muss. Informationen über die Kosten und Leistungen bietet die gleichnamige Internetseite **www.dp07.de**.

Nichtöffentlicher Funkverkehr

Küstenfunkstellen für den nichtöffentlichen Nachrichtenaustausch wickeln nur den Funkverkehr ab, der ihrer Funktion entspricht. Beispielsweise wird Bremen Rescue Radio nur bei Notfällen aktiv. Gekennzeichnet werden sie durch den geographischen Namen des Ortes + das Wort für die Art des Dienstes + »Radio«.

Beim Anruf darf der Zusatz »Radio« fehlen, z. B. **Warnemünde Traffic (Radio)**. Es ist nicht gestattet, den nichtöffentlichen Funkverkehr über Verbindungen des öffentlichen Fernsprechnetzes zu leiten.

Heute wird die Überwachung der Seefunk-Frequenzen für Notrufe durch die ehrenamtliche DGzRS (Deutsche Gesellschaft zur Rettung Schiffbrüchiger) wahrgenommen, die mit ihrem **MRCC (Maritime Rescue Co-ordination Centre)** in Bremen eine 24-Stunden-Hörwache sicherstellt. Ihr Funkrufname ist Bremen Rescue Radio, oft mit **Bremen Rescue** abgekürzt.

Gesamtangebot der Küstenfunkstellen:

www.dp07.de

www.mrcc.de

Versorgungsgebiete und Arbeitskanäle der UKW - Küstenfunkstellen an der deutschen Küste

Die kreisförmigen farblichen Markierungen stellen die von den Küstenfunkstellen per UKW erreichbaren Bereiche dar, innerhalb der die Schifffahrt mit Informationen versorgt werden kann. Genauere Informationen über die Küstenfunkstellen sind in der "Admiralty List of Radio Signals" vol. 5 zu finden.

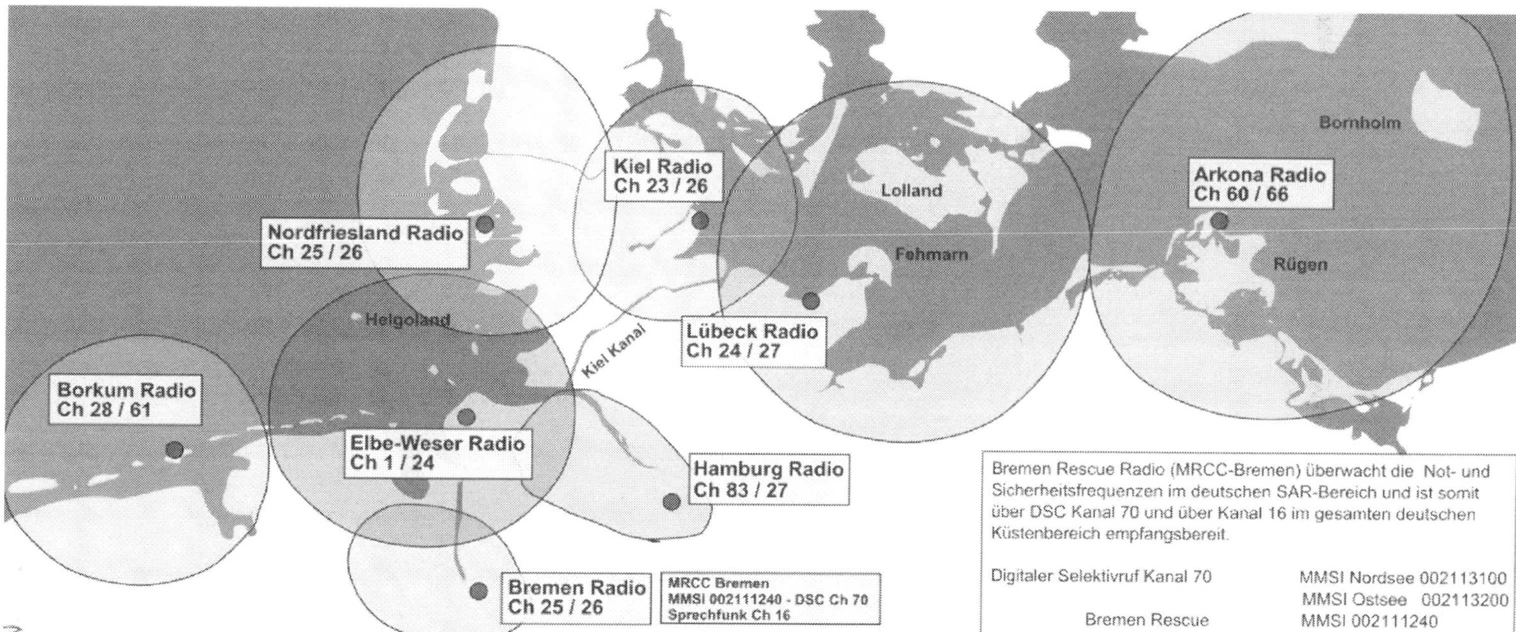

Aufgaben der Seenotleitung (MRCC) Bremen

Das Bundesministerium für Verkehr überträgt der Deutschen Gesellschaft zur Rettung Schiffbrüchiger (DGzRS) die Durchführung des Such- und Rettungsdienstes zur Hilfeleistung für Menschen in Seenot. Innerhalb des deutschen SAR-Gebietes ist in einem Seenotfall die DGzRS-eigene Küstenfunkstelle Bremen Rescue Radio (Rufname: Bremen Rescue) für die gesamte Leitung bis zum Abschluss des Notfalls zuständig. Sie plant, leitet, koordiniert und sorgt für die Durchführung und den Abschluss der SAR-Maßnahmen und deren Dokumentation. Das MRCC entscheidet über den Einsatz aller infragekommenden Rettungsmittel, sowohl Eigenmittel als auch Fremdmittel, beispielsweise auch über andere Schiffe in der Nähe des Havaristen, die womöglich zu den SAR-Maßnahmen beitragen können.

Wer auf seiner Yacht den Notruf eines anderen Schiffes empfängt und nach einer Positionseintragung feststellt innerhalb einer angemessenen Zeit beim Havaristen eintreffen zu können, meldet sich beim MRCC Bremen und bietet Hilfe an. Bremen entscheidet dann, ob die eigene Yacht als Rettungsmittel eingesetzt wird oder nicht. Das MRCC Bremen überwacht dafür ununterbrochen UKW Kanal 16 und den DSC-Kanal 70. Von Bremen werden auch ärztliche Hilfe und Evakuierung von Schwerverletzten auf See veranlasst und über einen Koordinator SAR-relevante Meldungen fürs Navtex- und SafetyNet-System erstellt.

Die Seenotleitung Bremen koordiniert alle zur Verfügung stehenden Kräfte, auch Handelsschiffe, Behördenfahrzeuge oder Sportboote und sie bestimmt die Besatzung des am besten geeigneten Fahrzeugs zum Einsatzleiter vor Ort (On-Scene Co-ordinator, OSC).

BREMEN im Notfall (24 h):

BREMEN RESCUE RADIO

mit dem Rufnamen „Bremen Rescue“,

sowie Grenzwelle 2187,5 kHz (DSC)

UKW-Kanal 16 und 70 (DSC)

Tel.: +49 (0) 421· 536 87-0

Fax: +49 (0) 421· 536 87 14

Mobil: 124 124

Telex: 246466 (mrcc d)

AFTN: EDDWYYYX (via Flugsicherung Bremen)

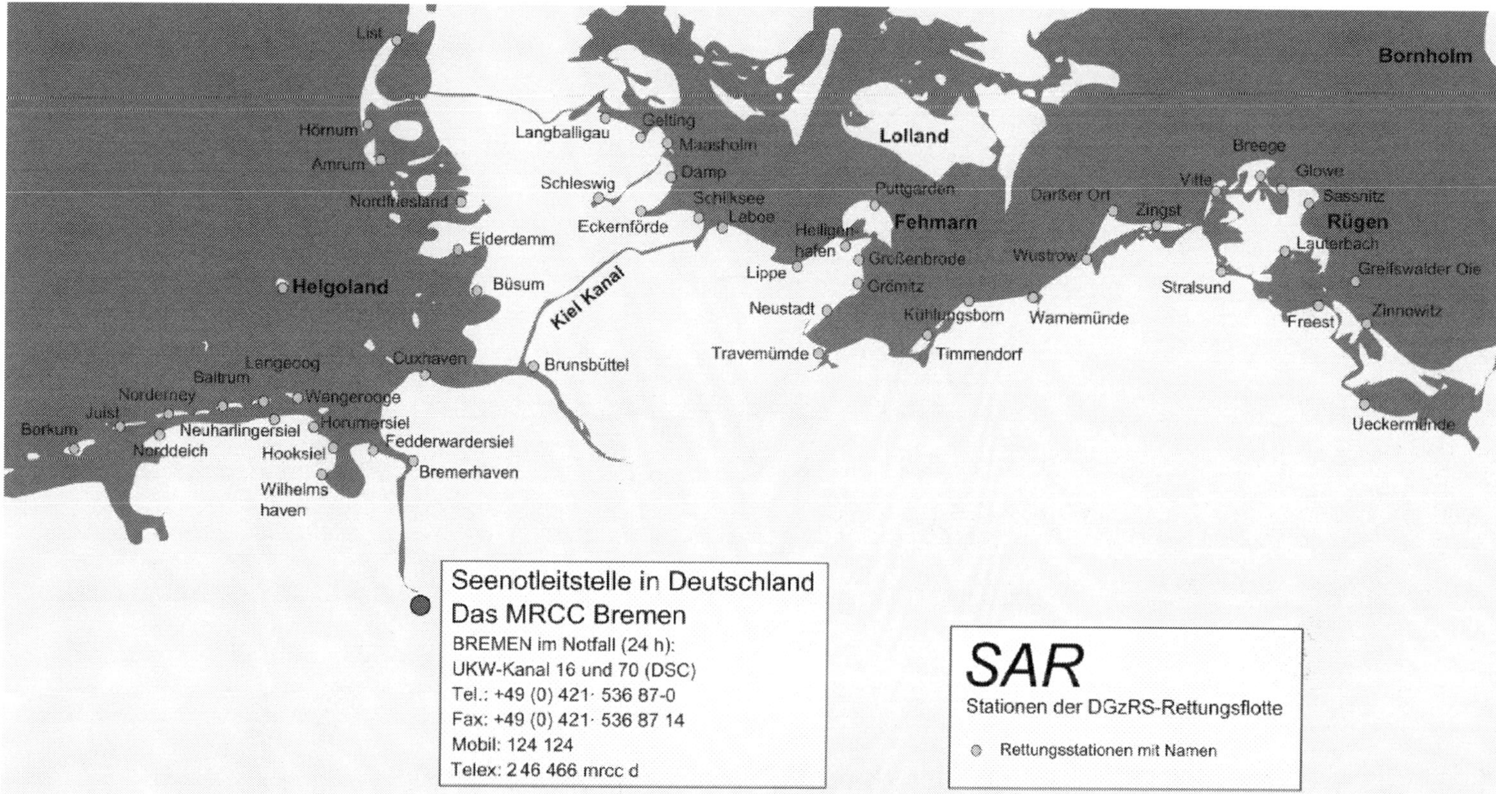

Bornholm
List
Hörnum
Amrum
Nordfriesland
Langballigau
Gelting
Maasholm
Damp
Schleswig
Schilksee
Laboe
Eckernförde
Eiderdamm
Helgoland
Büsum
Kiel Kanal
Brunsbüttel
Cuxhaven
Langeoog
Baltrum
Norderney
Juist
Borkum
Norddeich
Neuharlingersiel
Wangerooge
Horumersiel
Hooksiel
Fedderwardersiel
Bremerhaven
Wilhelms
haven
Lolland
Puttgarden
Fehmarn
Heiligen-
hafen
Lippe
Großenbrode
Grömitz
Neustadt
Travemünde
Kühlungsborn
Timmendorf
Wustrow
Warnemünde
Darßer Ort
Zingst
Vitte
Breege
Glowe
Sassnitz
Rügen
Lauterbach
Stralsund
Greifswalder Oie
Freest
Zinnowitz
Ueckermünde
Seenotleitstelle in Deutschland
Das MRCC Bremen
BREMEN im Notfall (24 h):
UKW-Kanal 16 und 70 (DSC)
Tel.: +49 (0) 421· 536 87-0
Fax: +49 (0) 421· 536 87 14
Mobil: 124 124
Telex: 246 466 mrcc d
SAR
Stationen der DGzRS-Rettungsflotte
Rettungsstationen mit Namen

Koordination vor Ort

Wenn sich mehrere Schiffe an einer Suchaktion beteiligen, sollte ein Schiff vor Ort die Koordinierung aller teilnehmenden Kräfte im Suchgebiet übernehmen. Dieser so genannte **On-Scene-Coordinator (OSC)** wird vom Koordinator der SAR-Mission ernannt. Je nach Fähigkeiten kann er auch zur Ausführung der Suchplanung, zur Weitergabe aller notwendigen Informationen an alle Sucheinheiten und zur Überwachung und Dokumentation der Suche eingesetzt werden. Die Durchführung von Such- und Rettungsmaßnahmen richtet sich nach einem SAR-Einsatzplan, den die DGzRS aufstellt.

5. Verordnung über die Sicherung der Seefahrt

Diese Verordnung beschreibt die Verpflichtung in Seenotfällen Hilfe zu leisten. Der verantwortliche Schiffsführer hat Menschen in Seenot mit größtmöglicher Geschwindigkeit zur Hilfe zu eilen und entweder ihnen direkt oder den zuständigen Such- und Rettungsdienst, also in der Regel das nächstgelegene MRCC, davon in Kenntnis zu setzen. Dabei muss er den Anordnungen der verantwortlichen Seenotleitstelle Folge leisten. Ist er aufgrund besonderer Umstände nicht in der Lage Hilfe zu leisten, so muss er die Rettungsleitstelle davon in Kenntnis setzen und unter Angabe der Gründe in das Schiffstagebuch eintragen, weshalb eine Hilfeleistung nicht möglich ist.

6. Dienstbehelfe

Handbuch **"Funkdienst für die Klein- und Sportschifffahrt",** ehemals Handbuch Jachtfunkdienst. Dieses Handbuch ist ein Auszug aus dem umfangreicheren "Nautischen Funkdienst" und "Revierfunkdienst Nordsee bzw. Ostsee", welches sich an erster Stelle an die Berufsschifffahrt wendet. Der Funkdienst für die Klein- und Sportschifffahrt wird vom Bundesamt für Seeschifffahrt und Hydrographie (BSH) für nichtfunkausrüstungspflichtige Fahrzeuge herausgegeben und jährlich aktualisiert.

Dieses amtliche Seebuch gibt Skippern auf Motor- und Segelyachten für Nord- und Ostsee oder für das Mittelmeer umfangreiche Informationen über Seefunkdienste und weitere Sonderdienste, wie beispielsweise Navtex und Wetterberichte. Insbesondere werden dort Sendezeiten und Sendefrequenzen von Wetterberichten und vielfältige Kontaktmöglichkeiten zu den Küstenfunkstellen sowie Such- und Rettungsdiensten beschrieben.

Weiterhin werden dort die Möglichkeiten zur Abwicklung funkärztlicher Beratungsgespräche und die Nutzung von Telekommunikationsnetzen (beispielsweise die Einwahl ins Festnetz) über die Küstenfunkstelle als Schnittstelle beschrieben.

7. Seewetter-Vorhersagegebiete Nord- und Ostsee

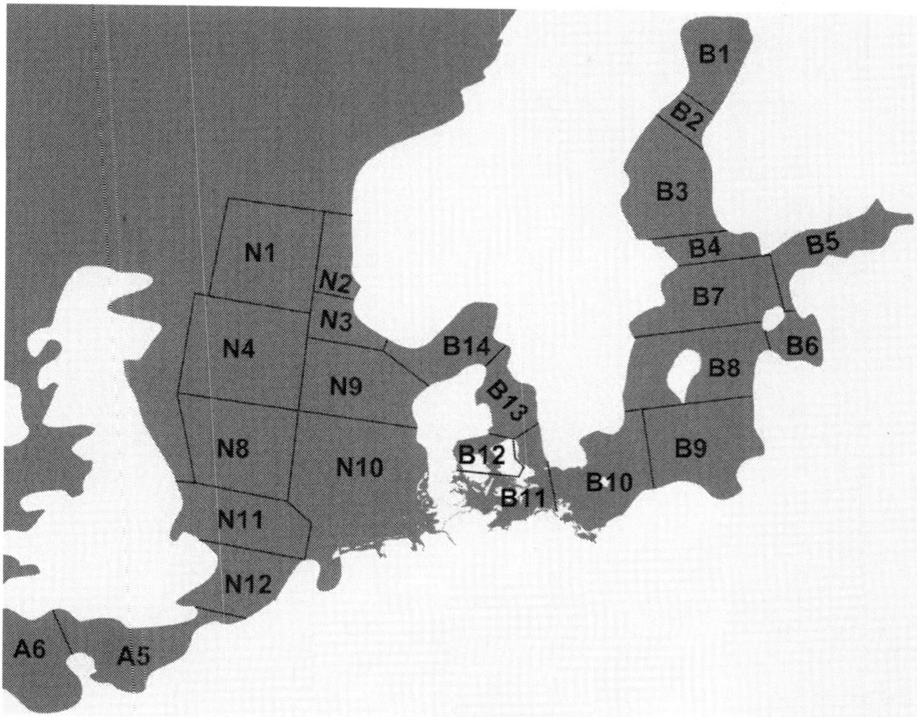

Nordsee	Ostsee
N1 Viking	B1 Bottenvik
N2 Utsira Nord	B2 Norra Kvarken
N3 Utsira Süd	B3 Bottensee
N4 Forties	B4 Åland-See und Åland-Inseln
N8 Dogger	B5 Finnischer Meerbusen
N9 Fisher	B6 Rigaischer Meerbusen
N10 Deutsche Bucht	B7 Nördliche Ostsee
N11 Humber	B8 Zentrale Ostsee
N12 Themse	B9 Südöstliche Ostsee
	B10 Südliche Ostsee
A5 Englischer Kanal Ostteil	B11 Westliche Ostsee
A6 Englischer Kanal Westteil	B12 Belte und Sund
	B13 Kattegat
	B14 Skagerrak

Es gibt zahlreiche Quellen, Wetterberichte zu empfangen. Die aktuellen Frequenzen und Zeiten zu den unten gelisteten Funkstellen können beispielsweise beim BSH nachgeschlagen werden, siehe PDF im Bereich Produkte, Wetter- und Warnfunk.[2]

Nordsee. Deutsch-sprachige Sendungen

- KüFuSt DP07, UKW
- Deutschlandfunk, MW und UKW
- Deutschlandradio Kultur, LW und UKW
- Norddeutscher Rundfunk, UKW und MW
- Seewetter über ein Service-Telefon
- www.dwd.de
- Navtex, Station Pinneberg

Nordsee. Englisch-sprachige Sendungen

- KüFuSt Humber MRCC, MW und UKW
- KüFuSt Netherlands Coastguard (PBK), MW und UKW
- BBC-Radio 4, LW, MW und UKW
- KüFuSt Lyngby Radio, MW und UKW
- KüFuSt Oostende Radio (OSU), MW und UKW
- KüFuSt Rogaland Radio, MW und UKW
- KüFuSt Tjøme Radio, MW und UKW
- Navtex, Stationen Rogaland (L), Pinneberg (S) Netherlands Coastguard Den Helder (P), Oostende (T und V), Cullercoats (G), Jeløya (M)

Ostsee. Deutsch-sprachige Sendungen

- KüFuSt DP07, UKW
- Deutschlandfunk, MW und UKW
- Deutschlandradio Kultur, LW
- NDR 1 und NDR Info, MW und UKW
- Navtex, Station Pinneberg
- www.dwd.de

Ostsee. Englisch-sprachige Sendungen

- KüFuSt Lyngby Radio, UKW
- KüFuSt Stockholm Radio, MW und UKW
- KüFuSt Turku Radio, UKW
- KüFuSt Riga MRCC, UKW
- KüFuSt Tallinn Radio, MW und UKW
- KüFuSt Witowo Radio, MW und UKW
- Navtex, Stationen Bjuröklubb (H), Grimeton (I), Gislövshammar (J), Jeløya (M), Tallinn (U)

---

[2] Bundesamt für Seeschifffahrt und Hydrographie, www.bsh.de, Bereich Produkte

8. DSC-Rufe, Funkgespräche, Redewendungen

Die Standard Marine Communication Phrases **der IMO beinhalten Empfehlungen für Redewendungen und leicht verständliche Satzbauvorlagen typischer maritimer Sachverhalte.**[3]

Eine Auswahl davon:

Deutsche Bedeutung	Englische Sprechfunkphrase
Korrekturverfahren, wenn ein Fehler in eine Nachricht gesprochen wurde.	"Mistake ..." gefolgt von dem Wort: "Correction ... " plus der korrigierte Teil der Nachricht.
Bitte wiederhole	"Say again (please)."
Ich wiederhole	"I repeat" Z.B. "My draft is 2,6m, I repeat: Two decimal 6 metres."
Ich buchstabiere	"I spell"
Anweisung, einen Kanal zu wechseln.	"Advise (you) change to VHF Channel ..."
Form von Fragestellungen.	"QUESTION. Do I have permission to get a berth in Ullapool port tonight?"
Meine Aussendung ist beendet und ich erwarte eine Antwort von Dir.	"OVER"
Meine Aussendung ist beendet und keine Reaktion wird erwartet.	"OUT"
Gefahrenhinweis	"WARNING. You are running into danger."
Datum und Zeit: Z.B. der 12 Tag des aktuellen Monats um 05.41 UTC = 120541 UTC	"one two zero five four one UTC"
Komma	"decimal"
Punkt	"stop"

Aussprechen von Wörtern und Zahlen

- Langsame und deutliche Aussprache mit normaler Lautstärke.
- Bei Übermittlungen längerer Textpassagen ausreichend Pausen einlegen.
- Das internationale Buchstabieralphabet zur Übermittlung von Eigennamen benutzen und zuvor ankündigen, durch "ich buchstabiere" oder im englischen "I spell". Alle Zahlen Ziffer für Ziffer sprechen.
- Maritime englische Fachausdrücke und Redewendungen nutzen.

[3] Vgl. IMO Standard Marine Communication Phrases, Resolution A.918(22), 25 January 2002.

Das internationale Buchstabieralphabet

A	Alpha	**H**	Hotel	**O**	Oscar	**V**	Victor
B	Bravo	**I**	India	**P**	Papa	**W**	Whiskey
C	Charlie	**J**	Juliett	**Q**	Quebec	**X**	X-ray
D	Delta	**K**	Kilo	**R**	Romeo	**Y**	Yankee
E	Echo	**L**	Lima	**S**	Sierra	**Z**	Zulu
F	Foxtrot	**M**	Mike	**T**	Tango		
G	Golf	**N**	November	**U**	Uniform		

Die hier nicht erwähnten Zifferncodes sind für die Prüfung nicht relevant.

Der Prüfer diktiert:	Es wird stattdessen mitgeschrieben:
Athene callsign DMJK	Athene / DMJK
stop	. (nur ein Punkt)
end of message / broadcast	+
degrees	°
minutes	′
nautical miles	nm
knots	kn
decimal	,

Die im Kapitel "Seefunktexte für Diktatübungen" erwähnten 27 Seefunktexte dienen als Basis für das Diktat in der Prüfung. Einer dieser Texte wird in englischer Sprache diktiert und muss englisch mitgeschrieben werden. Anschließend wird er ins Deutsche übersetzt.

Während des Diktats nutzt der Prüfer für Rufzeichen, schwierige Eigennamen und möglicherweise auch für Ortsnamen das internationale Buchstabieralphabet.

Beispiel. Es wird folgendes diktiert:

Peruvian callsign Delta Foxtrot Juliett India stop in position five four degrees two one decimal four minutes south zero one zero degrees four five decimal seven minutes west I repeat the position five four degrees two one decimal four minutes south zero one zero degrees four five decimal seven minutes west stop heavy list to port side stop danger of capzising stop require immediate help end of message

Es wird mitgeschrieben:

Peruvian / DFJI. In Position 54° 21,4′ S 010° 45,7′ W. Heavy list to port side. Danger of capzising. Require immediate help +

Rangfolgen im Funkverkehr

Auf einem Kanal des mobilen Seefunkdienstes kann zur selben Zeit nur ein Funkgespräch abgewickelt werden. Gibt es mehrere Teilnehmer, die einen Kanal nutzen wollen, hat der Teilnehmer mit der Meldung der höchsten Priorität Vorrang. Der Funkverkehr wird daher in vier Kategorien eingeteilt:

1. Not	2. Dringlichkeit	3. Sicherheit	4. Routine

Not (Mayday)

Bei unmittelbarer Gefahr für ein Fahrzeug, ein Menschenleben oder die gesamte Besatzung werden Notalarm und Notmeldung gesendet. Sofortige Hilfe wird benötigt, z.B. Schiff sinkt, Feuer, Piratenangriff, Explosion, Person über Bord, Kentergefahr, Crew muss das Schiff verlassen, Verdacht auf Herzinfarkt, lebensgefährliche Verletzungen, usw. Nur der Kapitän oder Schiffsführer darf eine Gefahrenlage als Notfall deklarieren und die Aussendung eines Notanrufs und einer Notmeldung veranlassen. Der Notverkehr hat absoluten Vorrang vor allen anderen Funkaussendungen. Sendeleistung 25 Watt. Kanal 16, MRCC Bremen hört automatisch mit.

Dringlichkeit (Pan Pan)

Dringlichkeit liegt vor, wenn die Sicherheit einer Person oder eines Schiffes gefährdet ist und eine Hilfeleistung angefordert wird. Beispielsweise ein Schiffsdefekt wie Ruderschaden oder Maschinenschaden, oder eine nicht schwer/lebensbedrohlich verletzte Person, falls der Schiffsführer überhaupt in der Lage ist, das zu beurteilen.Die Aussendung von Dringlichkeitsanruf und -meldung darf nur vom Kapitän oder der für das Fahrzeug verantwortlichen Person angeordnet werden.
Sendeleistung 25 Watt. Kanal 16 oder an eine Küstenfunkstelle adressieren.

Sicherheit (Securité)

Eine Sicherheitsmeldung soll die Schifffahrt vor Gefahren warnen mit dem Ziel, präventiv Gefahren auf See vorzubeugen. Sie hat lediglich einen informativen Charakter wie beispielsweise nautische Warnnachrichten, Sturmwarnungen, Meldungen über vertriebene Tonnen, treibende Container, treibende Fischernetze, sonstige Hindernisse im Fahrwasser, verlöschte Leuchtfeuer oder sonstige potentielle Gefahren. Sendeleistung 25 Watt. Kanal 16 oder an eine Küstenfunkstelle adressieren.

Routinegespräch Zählt nicht zu Not, Dringlichkeit oder Sicherheit. Der Routineverkehr schließt jeden Funkverkehr ein, der nicht in eine der anderen Kategorien passt. Beispielsweise funkt ein Schiff eine andere Yacht oder einen Lotsen an oder ein Schiff kündigt seine Ankunft im Hafen an. Eine Routinemeldung hat im Sprechfunkverkehr kein einleitendes Schlagwort, wie es bei den drei anderen Kategorien vorzufinden ist. Die Sendeleistung ist so gering wie möglich zu wählen, möglichst mit 1 Watt.

Prioritätsbewertung von Szenarien

Die praktische Prüfung ist entweder eine Einzelprüfung mit dem Prüfer in einem separaten Raum oder eine Prüfung mit Prüfer und zwei Kandidaten, die miteinander verschiedene Sprechfunkmeldungen abwickeln. Der Prüfer legt dabei eine Aufgabenstellung in Form einer Situationsbeschreibung für das eigene Schiff in englischer Sprache vor, welche man selbstständig in der Priorität bewerten muss.

Es soll erkannt werden, ob das vorgelegte Szenario zum Notverkehr, Dringlichkeitsverkehr, Sicherheitsverkehr oder zum Routinefunkverkehr gehört. Je nach Einordnung muss der richtige Menüpunkt im Hauptmenü des DSC-Controllers eingestellt, die Meldung als Textnachricht digital gesendet und danach per Sprechfunk mit weiteren Details übermittelt werden. Dafür muss der jeweilige Sprechfunkalgorithmus langsam und verständlich in das Mikrofon des Gerätes gesprochen werden.

Die Anforderungen gliedern sich in **vier Pflichtaufgaben** und weitere **sonstige Fertigkeiten** je Kandidat. Pro Aufgabenstellung ist ein Fehlversuch möglich und es kann sein, dass der Prüfer weitere Fragen zum Thema in englischer Sprache stellt.

Man muss darauf vorbereitet sein, während der praktischen Prüfung am Funkgerät keine Notizen für den Sprechfunkverkehr vornehmen zu dürfen, stattdessen wird erwartet, die vorgelegte Meldung in die zuvor nahezu perfekt auswendig gelernte Sprechfunkvorlage einzuordnen und verständlich in englischer Sprache zu sprechen. Dabei wird kein perfektes Englisch verlangt, lediglich der Inhalt der Nachricht muss nachvollziehbar sein.

Betriebsbereitschaft herstellen

Vor der Bearbeitung der ersten vorgelegten Prüfungsaufgabe sollte zuerst die Betriebsbereitschaft der Funkanlage hergestellt werden. Nach dem Einschalten mit der Power-Taste müssen für eine Aufgabe mit einer Schiffsposition im Küstenbereich der **Seefunkmodus (DSC) und Kanal 16** eingeschaltet werden.

Die Tastenkombination zum Wechsel auf Seefunkmodus wird weiter unten erklärt. Weiterhin sollte die **Lautstärke (VOL)** kontrolliert und mit dem Regler der **Rauschsperre (SQL)** die Anlage so eingestellt werden, dass sie zwar nicht rauscht, aber ganz knapp an der Schwelle zum Rauschen steht. Eine Rauschsperre blendet das störende Rauschen während der Sprechpausen der Gegenstelle bzw. im Bereitschaftsbetrieb aus.

Sie hat jedoch den Nachteil, dass auch schwache Funksprüche die aus großer Distanz gesendet werden und womöglich ein nur unwesentlich stärkeres Eingangssignal als das Rauschen selbst aufweisen, durch die eingeschaltete Rauschsperre blockiert werden und daher nicht hörbar sind. Um diese schwachen Signal hören zu können, muss die Rauschsperre dafür ausgeschaltet werden.

Grundsätzliches zur Sprechfunkabwicklung

Die **Sprechgeschwindigkeit** muss für eine mitschreibende Person ausreichend Zeit für Notizen ermöglichen. Deshalb sollte langsam und deutlich gesprochen werden.

Auch wenn es trivial erscheint, bitte im Stress der Prüfung darauf achten, dass das Mikrofon zum Sprechen nicht ans Ohr, wie bei einem Mobilfunktelefon, sondern an den Mund gehalten wird. Kommentar eines Prüfers:
"Bitte nicht mit dem Ohr sprechen".

Mikrofon der Prüfungsanlage

Die Qualität der Übertragung ist besser, wenn es seitlich an den Mund und nicht direkt vor den Mund gehalten wird. Im Sprechfunk wird die **Sendetaste** oben am Mikrofon (siehe Abbildung) so lange gedrückt gehalten, bis die Meldung beendet wurde.

Sie sollte zugunsten einer besseren Übermittlungsqualität nicht in jeder kleinen Sprechpause losgelassen und beim Fortsetzen erneut betätigt werden. Am Mikrofon der Prüfungsanlagen, siehe Foto, lassen sich auch **Sendeleistung** und **Kanäle** wählen. Bei manchen Anlagen steht "**ptt**" (push to talk) auf der Sprechtaste.

Wichtige Funkregeln:

Erst hören, dann sprechen

Es darf kein laufender Funkverkehr gestört werden, nur senden, wenn der Kanal frei ist. Mithilfe der Rauschsperre muss vor jedem Gespräch in den verwendeten Kanal hineingehört werden, um damit sicherzustellen, dass keine laufende Aussendung gestört wird.

Keine Aussendung ohne eigene Kennung

Sowohl zu Beginn eines jeden Funkgespräches, als auch im laufenden Gespräch sollte immer der eigene Schiffsname und optional das Rufzeichen genannt werden. In der Prüfung immer mit Schiffsname und Rufzeichen identifizieren. Wenn der gerade gesprochene Funkspruch zuvor mit dem DSC-Controller als Textnachricht angekündigt wurde, muss im folgenden Sprechfunk zusätzlich noch einmalig die eigene MMSI-Nummer genannt werden. Es dürfen keine anonymen Aussendungen getätigt werden.

Keine unnötigen Aussendungen

Ein Kanal sollte nur so kurz wie möglich blockiert werden. Es sollte daher keine Aussendung ohne ein konkretes Bedürfnis stattfinden. (Keine Musik, o.ä.)

Erfolglose Anrufversuche

Falls nach einem Routineanruf der Gesprächspartner nicht reagiert, kann nach einer Pause von mindestens 2 min der Anruf wiederholt werden. Bleibt auch dieser Versuch erfolglos, sollte eine Pause von rund 15 min bis zur erneuten Wiederholung eingelegt werden.

Nach meiner Erfahrung ist es enorm schwer, per Funk Kontakt zu einer Yacht aufzubauen, insbesondere zu einer Charteryacht. Ganz viele hören den Funk wohl nicht richtig ab und kommen gar nicht auf die Idee, dass man sie per Funk ansprechen könnte. So kommt es mitunter vor, dass mehrere Anrufversuche erfolgen müssen, um mit dem Schiff in Kontakt zu treten.

Tastenbelegung der Prüfungsfunkanlagen

Die etwas neuere Prüfungsfunkanlage IC-M505

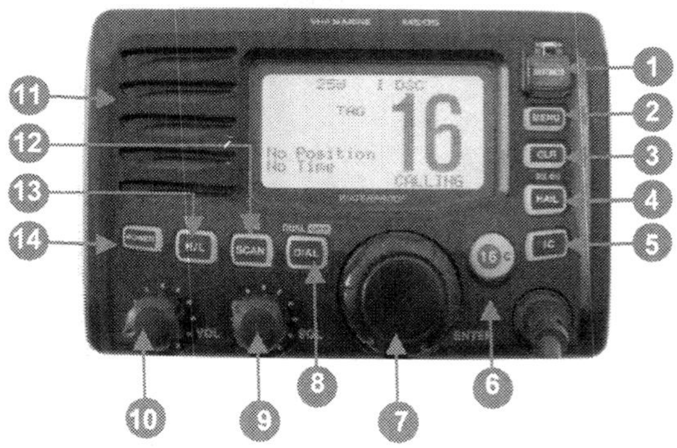

1) DISTRESS: Dient dem Auslösen eines Notalarms, wenn 5 sek. gedrückt wird.

2) Menu: Öffnet das DSC-Menü, wird beim erneuten Drücken wieder verlassen.

3) CLR: Clear zum Abbrechen von Eingaben oder zum Menü verlassen.

4) HAIL: Megafon-Funktion über einen Außenlautsprecher, 1 sek. drücken, um den Empfangslautsprecher ein- oder auszuschalten oder Nebelhornfunktion in Kombination mit der H/L-Taste (Nicht wichtig für die Prüfung).

5) IC: Intercom, Kabelverbindung zur Kommunikation zwischen Einbaustation am Navitisch und Zweitmikrofon im Cockpit. Wie eine Gegensprechanlage.
6) 16: Schnellwahltaste für K 16
6) C: Doppelbelegung von K16-Taste. Schnellwahltaste für Kanal 10.
7) Großer Drehregler: Dient der Kanalwahl.
7) ENT: Enter-Taste. Drehregler drücken zum Bestätigen von Eingaben.
8) DIAL: Schaltet auf den zuletzt genutzten Arbeitskanal zurück, wenn dieser verlassen wurde. Dient im Menü auch als Zurück-Taste bei Zifferneingaben, um Tippfehler überschreiben zu können.
8) DUAL: Doppelbelegung von DIAL. Zum Aktivieren 2 sek. drücken. Dient der Überwachung von 2 Kanälen gleichzeitig, immer K 16 und ein frei gewählter Kanal.

9) SQL: Die Rauschsperre. Ausgeschaltet = Rauschen hörbar, maximale Eingangsempfindlichkeit. So werden auch schwache Signale gehört, die sonst durch die Rauschsperre blockiert würden. Eingeschaltet = kein Rauschen, Empfindlichkeit geringer.
10) VOL: Regler für die Lautstärke.
11) Lautsprecher.
12) SCAN: Kanalsuchlauf. Tastet voreingestellte Kanäle ab und bleibt dort stehen, wo ein Signal anliegt, also gesprochen wird.
13) H/L: Wahl der Sendeleistung 1 W oder 25 Watt. Keine dazwischen liegende Sendeleistung möglich.
14) Power: Ein- und Ausschalter (ca. 2 sek. drücken).

H/L und **DIAL** Umschaltung vom Seefunkmodus (DSC) auf Binnenfunk (ATIS) oder zurück. H/L gedrückt halten und DIAL kurz antippen, nie gleichzeitig.

Die ältere Prüfungsanlage IC-M503 mit getrenntem DSC-Controller DS100

Analog-Funkgerät für Sprechfunk

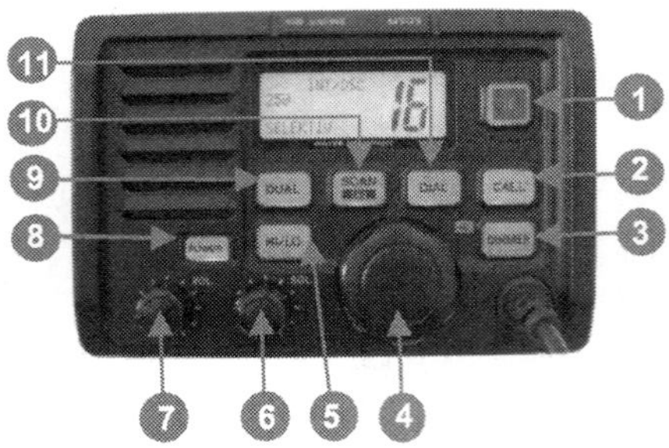

HI/LO und **DIAL** Umschaltung vom Seefunkmodus (INT/DSC) auf den Binnenfunk (ATIS) oder zurück. HI/LO gedrückt halten und DIAL antippen.

1) 16: Schnellwahltaste für K 16
2) CALL: Schnellwahltaste für K 10
3) Dimmer: Hintergrundbeleuchtung.
4) Großer Drehregler: Kanalwahl.
5) HI/LO: Wahl der Sendeleistung 1 W oder 25 Watt. Keine dazwischenliegende Sendeleistung möglich.

6) SQL: Rauschsperre. Ausgeschaltet = Rauschen hörbar, maximale Eingangsempfindlichkeit. So werden auch schwache Signale gehört, die sonst blockiert würden.

7) VOL: Regler für die Lautstärke.
8) Power: Ein- und Ausschalter.
9) DUAL: Überwachung von 2 Kanälen zeitgleich, K16 u. frei gewählter Kanal.

10) SCAN: Kanalsuchlauf. Tastet voreingestellte Kanäle ab und bleibt dort stehen, wo ein Signal anliegt.
11) DIAL: Schaltet auf den letzten Arbeitskanal zurück, wenn dieser zuvor verlassen wurde.

DSC-Gerät für Textnachrichten

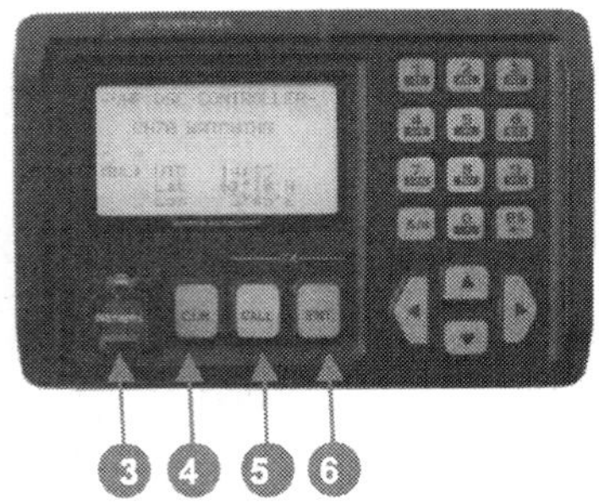

Mit der DSC-Anlage können nur standardisierte Textnachrichten gesendet und empfangen werden.

1) Der Ziffernblock: Dient der Eingabe von Positionen, Uhrzeiten, MMSI-Nummern und Adressbucheinträgen.
BS: Backspace. Die Löschtaste. Damit können falsche Eingaben gelöscht werden.
A/a: Groß-Kleinschreibung, also eher unwichtig.

2) Pfeiltasten: Zum Blättern durch das Menü.

3) DISTRESS: Dient dem Auslösen eines Notalarms, wenn 5 Sekunden gedrückt wird.

4) CLR: Clear zum Abbrechen von Eingaben oder zum Verlassen der Menüebene bis zur Grundeinstellung.

5) CALL: Damit wird das Menü geöffnet und beim erneuten Drücken auch wieder verlassen.

6) ENT: Enter-Taste. Zum Bestätigen von Eingaben.

9. Das DSC-Menü und die Untermenüs

Neue Prüfungsanlage IC-M505	Alte Prüfungsfunkanlage DS100

Menu öffnen: **MENU drücken**

```
--DSC-Menu--
Select Item
Position Input
Individual Call
Individual Ack
Group Call
All Ships Call
Position Request
Position Report
Polling Request
Received Calls
Distress Setting
Set up
```

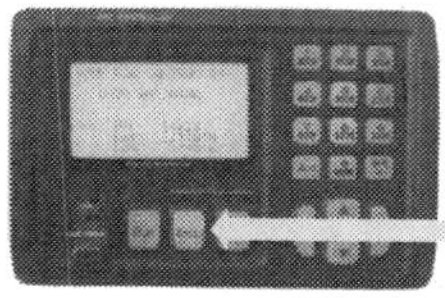

Menu öffnen: **CALL drücken**

```
<Select a subject>
  Entry position/time
  Individual call
  Individual ACK
  Group call
  All ships call
  Position request
  Received calls
  Distress setting
  Set-up
```

Erste DSC- Menüebene - das Hauptmenü	
Entry position/time bzw. Position Input	Position und Zeit müssen ohne GPS-Anschluss alle 30 min. neu aktualisiert werden.
Individual call	Ein Schiff oder eine Küstenfunkstelle anrufen, um ein Gespräch von bestimmter Priorität einzuleiten.
Individual ACK	Einen empfangenen Anruf eines anderen Schiffes bestätigen und seinen Gesprächswunsch annehmen oder ablehnen.
Group call	Mehrere Schiffe (eine Gruppe) gleichzeitig anrufen.
All ships call	An alle Funkstationen ein Gespräch von bestimmter Priorität einleiten (z.B. Sicherheit od. Dringlichkeit).
Position Request	Positionsanfrage eines mir bekannten Schiffes absenden (MMSI muss bekannt sein).
Position Report	Einem anderen Schiff die eigene Position senden.
Polling Request	Damit kann festgestellt werden, ob ein anderes bekanntes Schiff in Funkreichweite ist.
Received calls	Der Speicher des Gerätes speichert nur alle empfangenen Rufe, nicht die selbst gesendeten.
Distress setting	**Eigenen Notalarm** vorbereiten.
Setup	Adressbuch, Offset time, eigene MMSI-Nummer.
Exit	Das Menü wird verlassen.

Die DSC-Untermenüs

Positionseingabe IC-M505, wenn kein GPS angeschlossen ist.

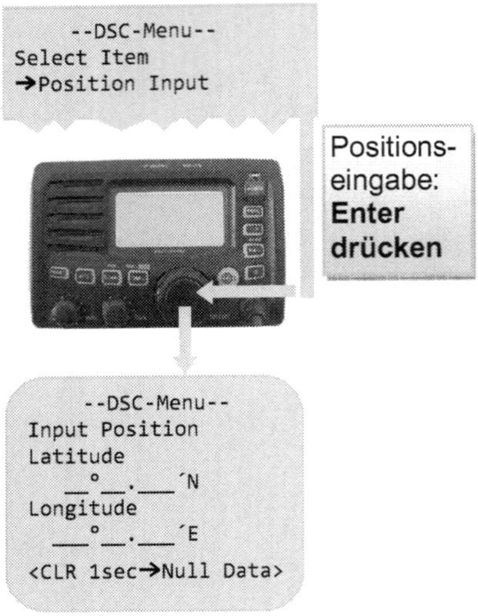

Ziffern durch Drehen am Kanalwahlknopf verstellen und mit „Enter" (gleicher Knopf) bestätigen. Zuvor eingestellte Positionsangaben können zur Neueingabe komplett gelöscht werden, indem CLR eine Sekunde lang gedrückt wird.

Positionseingabe DS100, wenn kein GPS angeschlossen ist.

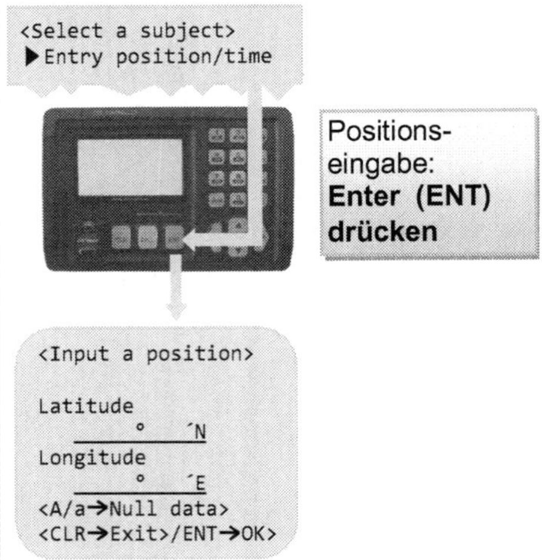

Die Ziffern werden mit dem Ziffernblock eingegeben und mit „Enter" bestätigt. Wird die Taste **A/a** gedrückt, werden zuvor eingestellte Positionsangaben zur übersichtlicheren Neueingabe komplett gelöscht.

Nach der Position wird bei beiden Geräten die Uhrzeit in UTC eingegeben und mit „Enter" bestätigt. Zu jeder Positionseingabe gehört immer eine Uhrzeit. Ist ein **GPS-Empfänger** angeschlossen, der Position und Uhrzeit automatisch ins Gerät einspeist, wird die Positionseingabemöglichkeit im Hauptmenü nicht dargestellt, da diese dann überflüssig ist.

Bei der Anlage IC-M505 können im Minutenbereich auch bis zu drei Nachkommastellen eingegeben werden, bei der älteren Anlage DS-100 gar keine Nachkommastelle, so dass hier häufig auf die Minute gerundet werden muss. Hin und wieder wird verlangt, dass der Kandidat je nach Schiffsposition in der Lage ist, die damit verbundene **Ortszeit auf UTC** umzurechnen. Dabei ist der Unterschied von Sommerzeit und Winterzeit zu berücksichtigen.
Im Sommer werden von der Mitteleuropäischen Sommerzeit (MESZ) zwei Stunden subtrahiert, um auf UTC umzurechnen. Im Winter (MEZ) wird lediglich eine Stunde subtrahiert.

Individual call mit dem IC-M505.

Mit dem Kanalwahlknopf bis zum Individual call scrollen und „Enter".

```
  --DSC-Menu--
Select Item
  Position Input
→Individual call
```

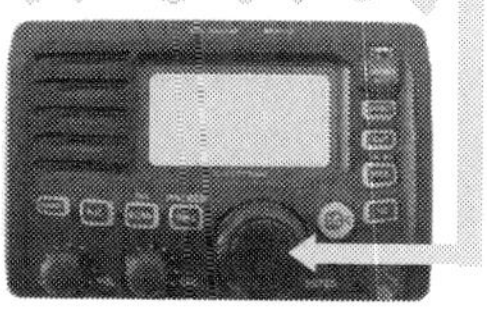

Enter drücken

Individual call mit dem DS100.

Mit dem Pfeiltasten bis zum Individual call scrolen und mit „Enter" (ENT) auswählen.

```
<Select a subject>
  Entry position/time
▶Individual call
```

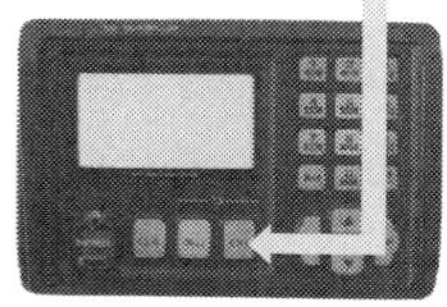

ENT (Enter) drücken

Anschließend einen Schiffsnamen (z.B. Athene) aus dem aufgelisteten Adressbuch wählen oder die MMSI-Nummer direkt eingeben. Hier das Beispiel mit direkter Eingabe der Nummer.

IC-M505:

```
  --DSC-Menu--
Select Address
→Manual Input
  Athene
  Caledonia

<CLR→Exit>/ENT→OK>
```

Manual Input und **Enter** drücken

MMSI eingeben und **Enter**

```
  --DSC-Menu--
Input Address
Input 9 digits
- - - - - - - -
<CLR→Exit>/ENT→OK>
```

```
  --DSC-Menu--
Select Category
→Routine
  Safety
  Urgency
  Distress
<CLR→Exit>/ENT→OK>
```

Priorität wählen und **Enter**

Kanal wählen und **Enter**

```
  --DSC-Menu--
Select Traffic CH
72

<CLR→Exit>/ENT→OK>
```

```
  --DSC-Menu--
Individual Call Ready

<CLR→Exit>/ENT→OK>
```

Mit **Enter** den Ruf senden

DS100:

```
<Select address ID>

▶Manual entry
 Athene
 Caledonia

<CLR→Exit>/ENT→OK>
```

Manual entry und **Enter** drücken

MMSI eingeben und **Enter** drücken

```
<Input address ID>
ID:(9digit)
- - - - - - - - -

<CLR→Exit>/ENT→OK>
```

```
<Select  a category>
▶Routine
 Safety
 Urgency
 Distress
<CLR→Exit>/ENT→OK>
```

Priorität wählen und **Enter** drücken

Kanal eingeben und **Enter** drücken

```
<Input a traffic CH>
CH: 72

<CLR→Exit>/ENT→OK>
```

```
<Push [CALL]&[ENT]
     simultaneously>

<to stop the call,push
[CLR]>
```

Senden mit **call** + **Enter**

Der oben beschriebene **Individual call** dient lediglich dazu, den Kontakt zu einem anderen Schiff oder zu einer Küstenfunkstelle herzustellen und einen Sprechfunkkanal per DSC (Textanruf) vorzuschlagen, ohne dabei Kanal 16 zu nutzen. Somit spart man sich lediglich den Erstanruf über Kanal 16, um z.B. einen Ausweichkanal zum Routinefunk vorzuschlagen.

Voraussetzung ist die Kenntnis der MMSI-Nummer des Gesprächspartners und er sollte auch mit der Anlage so vertraut sein, den empfangenen Individual call mit seinem Gerät beantworten zu können. Mit dem Individuall call lassen sich lediglich Priorität und Arbeitskanal übermitteln, jedoch keine zusätzlichen Informationen in Form einer Textnachricht, wie eine SMS.

Der **Individual call** kann auch an **Küstenfunkstellen** gerichtet werden, um beispielsweise über die Küstenfunkstelle als Schnittstelle ins Festnetz ein Gespräch zu führen. Dafür muss die MMSI-Nummer der Küstenfunkstelle eingegeben werden. Durch die doppelte Null (z.B. 002113200) entfällt im Menüverlauf die Möglichkeit, den Kanal vorzuschlagen. Dieser wird von der Küstenfunkstelle mit ihrer DSC-Bestätigung vorgegeben und auf dem eigenen Gerät durch ein einfaches Drücken der Enter-Taste entgegengenommen. Somit springt der Kanal durch "Enter" sofort auf den von der Küste vorgegebenen Arbeitskanal um, so dass der Sprechfunkverkehr umgehend aufgenommen werden kann.

Der Gesprächspartner kann den per DSC übermittelten Kanalvorschlag für den folgenden Sprechfunkverkehr annehmen **(able to comply)** oder ablehnen **(unable to comply)** und dieses dem rufenden Schiff durch eine Bestätigung **(Individual ACK)** schriftlich mitteilen. Die Antwort auf einen empfangenen Individual call wird unten dargestellt. Sobald mit der eigenen Anlage ein Gesprächswunsch eines anderen Schiffes empfangen wurde, erscheint im Display folgende Darstellung.

```
RCV Individual
from: 211334400
```

RCV steht für "received", also empfangen. Weiterhin ist die MMSI-Nummer des anderen Schiffes sichtbar. Durch Drücken der Enter-Taste kann der Ruf nach Auswahl der MMSI-Nummer sofort beantwortet werden (mit able to comply), ohne den unten dargestellten Weg übers Hauptmenü zu gehen. Natürlich kann der Ruf auch im Nachhinein beantwortet werden, wenn er nicht mehr aktuell im Display angezeigt wird. Dafür wird der im Folgenden beschriebene Weg über dem im Hauptmenü befindlichen Punkt "**Individual ACK**" gewählt.

Individual ACK IC-M505

Mit dem Kanalwahlknopf bis Individual ACK scrollen und Enter.

```
--DSC-Menu--
Select Item
 ...
→Individual ACK
```

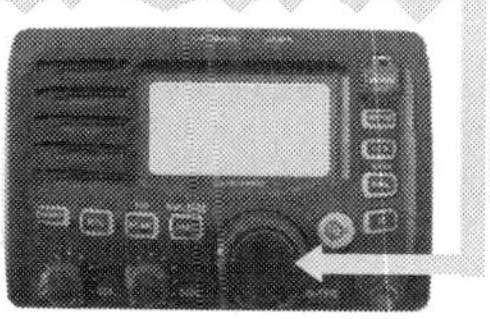

Enter drücken

Individual ACK DS100

Mit dem Pfeiltasten bis zum Individual ACK scrollen, mit „Enter" auswählen.

```
<Select a subject>
 ...
▶Individual ACK
```

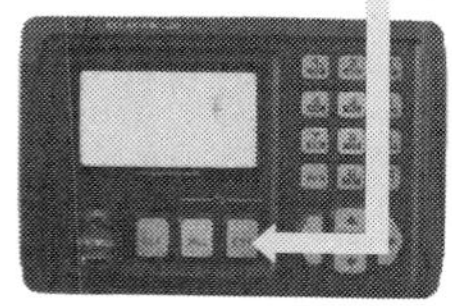

ENT (Enter) drücken

Anschließend die MMSI-Nummer des Schiffes auswählen, dessen Anruf beantwortet werden soll. Der neuste Anruf steht immer ganz oben.

```
--DSC-Menu--
Select Address
→211334400
 211524350

<CLR→Exit>/ENT→OK>
```

MMSI wählen, **Enter** drücken

Able und **Enter** drücken

```
--DSC-Menu--
Select Action
→Able to Comply
 Unable to Comply

<CLR→Exit>/ENT→OK>
```

```
--DSC-Menu--
Individual ACK Ready


<CLR→Exit>/ENT→OK>
```

Zum Senden **Enter** drücken

Hier wird im Gegensatz zum DS100 nicht nochmal der vom Gesprächspartner vorgeschlagene Kanal angezeigt, wie z.B. CH 72 in der rechten Spalte zu sehen.

```
<Select address ID>

▶211334400
 other

<CLR→Exit>/ENT→OK>
```

MMSI wählen, **Enter** drücken

Able und **Enter** drücken

```
<Select a comply>
▶Able to comply
 Unable to comply

<CLR→Exit>/ENT→OK>
```

```
<Select Traffic CH>
 CH: 72


<CLR→Exit>/ENT→OK>
```

Kanal bestätigen und **Enter** drücken

Senden mit **call** + **Enter**

```
<Push [CALL]&[ENT]
     simultaneously>

<to stop the call,push
[CLR]>
```

Group call IC-M505

Mit dem Kanalwahlknopf bis Group Call scrollen und Enter.

```
  --DSC-Menu--
Select Item
 ...
→Group Call
```

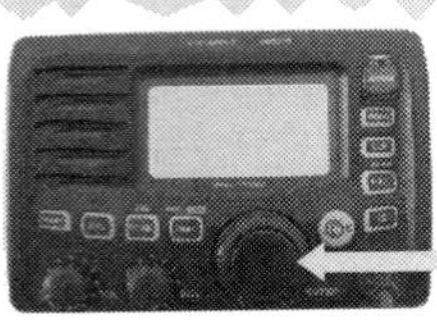

Enter drücken

Group call DS100

Mit dem Pfeiltasten bis zum Group Call scrollen und mit „Enter" auswählen.

```
<Select a subject>
 ...
▶Group Call
```

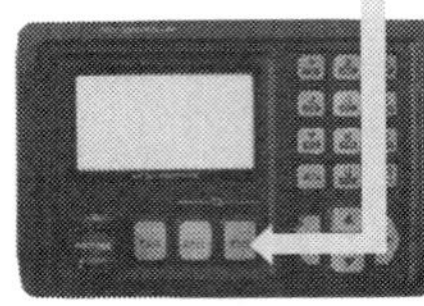

ENT (Enter) drücken

Anschließend die Gruppen-MMSI-Nummer eingeben, um damit mehreren vorher festgelegten Schiffen gleichzeitig eine Kanalvorschlag zu senden.

```
  --DSC-Menu--
→ Manual Input

<CLR→Exit>/ENT→OK>
```

Enter drücken

Nummer eingeben und **Enter**

```
  --DSC-Menu--
Input Address
Input 8 digit
    0__________
<CLR→Exit>/ENT→OK>
```

```
  --DSC-Menu--
Select Category
→Routine
  Safety
  Urgency
  Distress
<CLR→Exit>/ENT→OK>
```

Kategorie wählen und **Enter** drücken

Kanal wählen und **Enter** drücken

```
  --DSC-Menu--
Select Traffic CH
72
<CLR→Exit>/ENT→OK>
```

```
  --DSC-Menu--
Group call Ready

<CLR→Exit>/ENT→OK>
```

Zum Senden **Enter**

```
<Select a group>

▶ Manual entry

<CLR→Exit>/ENT→OK>
```

Enter drücken

Nummer eingeben und **Enter**

```
<Input an address>
ID:(8digit)
    0__________

<CLR→Exit>/ENT→OK>
```

```
<Select  a category>
▶ Routine
  Safety
  Urgency
  Distress
<CLR→Exit>/ENT→OK>
```

Kategorie wählen und **Enter** drücken

Kanal wählen und **Enter** drücken

```
<Input Traffic CH>
  CH: 72

<CLR→Exit>/ENT→OK>
```

```
<Push [CALL]&[ENT]
      simultaneously>

<to stop the call,push
[CLR]>
```

Senden mit **call** + **Enter**

All Ships Call IC-M505

Mit dem Kanalwahlknopf bis All Ships Call scrollen und Enter.

```
  --DSC-Menu--
Select Item
  ...
→All Ships Call
```

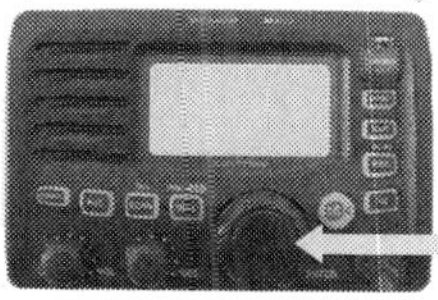

Enter drücken

All Ships Call DS100

Mit dem Pfeiltasten bis All ships call scrollen und mit „Enter" auswählen.

```
<Select a subject>
  ...
▶All ships call
```

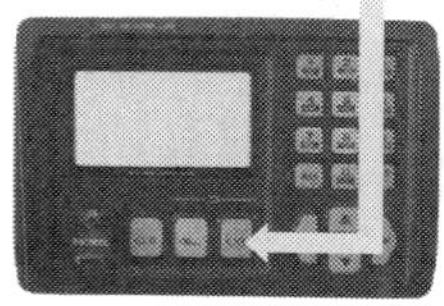

ENT (Enter) drücken

Die Priorität, z.B. Safety, wählen, anschließend den Arbeitskanal angeben, um damit alle Funkstationen in Reichweite für die folgende Meldung zu kontaktieren.

Wichtig: Der Menüpunkt „Distress" wurde gewählt, wenn z.B. eine Notrufweiterleitung angekündigt werden soll. Das eigene Schiff ist dabei nicht selbst in Not. Nicht zu verwechseln mit dem Menüpunkt "Distress settings" im Hauptmenü weiter unten, was nur den eigenen Notfall betrifft.

Ab Oktober 2018 wird jedoch diese Vorankündigung per DSC im Mayday-Relay-Fall nicht mehr geprüft. Die Notruf-Weiterleitung wird nur noch verbal per Sprechfunk abgesetzt.

```
  --DSC-Menu--
Select Category
  Routine
→Safety
  Urgency
  Distress
<CLR→Exit>/ENT→OK>
```

Kategorie wählen und **Enter** drücken

Kanal wählen und **Enter** drücken

```
  --DSC-Menu--
Select Traffic CH
16
<CLR→Exit>/ENT→OK>
```

```
  --DSC-Menu--
All Ships Call Ready

<CLR→Exit>/ENT→OK>
```

Zum Senden **Enter**

```
<Select a category>
  Routine
▶ Safety
  Urgency
  Distress
<CLR→Exit>/ENT→OK>
```

Kategorie wählen und **Enter** drücken

Kanal wählen und **Enter** drücken

```
<Input Traffic CH>
  CH: 16

<CLR→Exit>/ENT→OK>
```

```
<Push [CALL]&[ENT]
    simultaneously>

<to stop the call,push
[CLR]>
```

Senden mit **call** + **Enter**

Position Request IC-M505

Mit dem Kanalwahlknopf bis Positon request scrollen und Enter.

```
  --DSC-Menu--
Select Item
  ...
→ Position Request
```

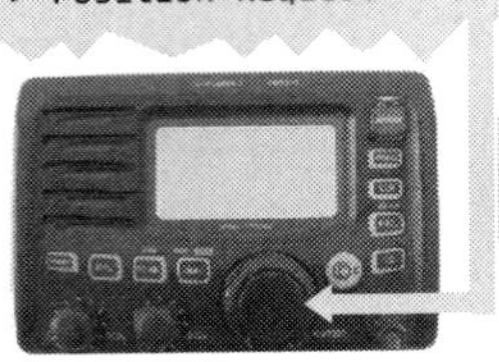

Enter drücken

Position Request DS100

Mit dem Pfeiltasten bis Positon request scrollen und mit ENT auswählen.

```
<Select a subject>
 ...
▶Position request
```

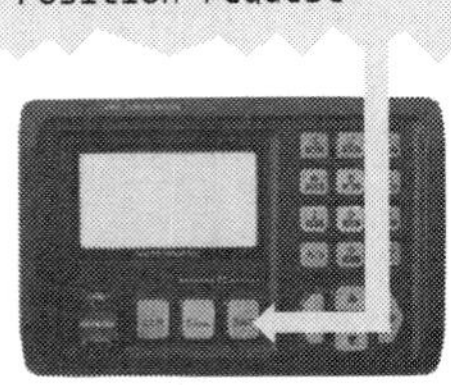

Enter drücken

Hiermit kann man die Position eines anderen Schiffes oder Sprechfunkverkehr herausfinden, dessen MMSI-Nummer bekannt ist. D.h., dass der Bekannte oder Freunde auf dem anderen Schiff uns vorher seine Anrufnummer (MMSI) gegeben haben muss. Diese Nummer kann man entweder im Adressbuch einspeichern, mit einem Namen hinterlegen und diesen anschließend auswählen oder wie im Folgenden dargestellt direkt eingeben.

```
  --DSC-Menu--
Select Address
→Manual Input
  Athene
  Caledonia

<CLR→Exit>/ENT→OK>
```

Manual Input und **Enter** drücken

```
  --DSC-Menu--
Input Address
Input 9 digits
- - - - - - - - -
<CLR→Exit>/ENT→OK>
```

MMSI eingeben und **Enter**

```
  --DSC-Menu--
POS request Ready


<CLR→Exit>/ENT→OK>
```

Zum Senden **Enter**

```
<Select address ID>

▶ Manual entry
  Athene
  Caledonia

<CLR→Exit>/ENT→OK>
```

Manual entry und **Enter** drücken

```
<Input address ID>
ID:(9digit)
- - - - - - - - -
<CLR→Exit>/ENT→OK>
```

MMSI eingeben und **Enter** drücken

```
<Push [CALL]&[ENT]
      simultaneously>

<to stop the call,push
[CLR]>
```

Senden mit **call** + **Enter**

Wer einen Position Request empfängt, kann diesen entweder mit der CLR-Taste ablehnen und die eigene Position dadurch nicht mitteilen oder durch Drücken der Enter-Taste die eigene Position an das andere Schiff übermitteln.

Spezielle Funktionen der neueren Prüfungsanlage IC-M505

```
--DSC-Menu--
Select Item
 ...
→Position Report
 Polling Request
 ...
 ..
```

Die beiden Menüpunkte **Position Report** und **Polling Request**, sind nur im Menü der Anlage IC-M505 verankert.

Der Position Report sendet ungefragt die eigene Position an ein anderes Schiff und ein Polling Request kann gesendet werden, um festzustellen, ob ein bestimmtes, bekanntes Schiff in Funkreichweite ist. Dafür muss natürlich die MMSI-Nummer des anderen Schiffes bekannt sein.

Diese beiden Aussendungen können vom älteren DS100-Controller nicht empfangen und beantwortet werden, da die Vorgängeranlage diese beiden neuen Menüpunkte nicht beinhaltet.

Speicheraufruf - Received Calls IC-M505 und DS100

Im Speicher des Gerätes sind bis zu 40 Meldungen abgelegt, die vom Gerät empfangen wurden. Dieser Menüpunkt ist bei beiden Anlagen relativ identisch.

```
--DSC-Menu--
Select Item
 ...
▶Received calls
```

Bis **Received Calls** scrollen und „Enter" drücken.

```
<select a message>
▶distress message
 other message

<CLR→Exit>/ENT→OK>
```

Der Speicher ist in empfangene Notalarme anderer Schiffe (distress message) und in alle anderen Meldungen (other message) unterteilt. Soll ein gespeicherter Notalarm angeschaut werden, wird die Markierung auf „distress message" gesetzt und die Enter-Taste gedrückt.

```
<select a message>
▶1:distress     08:34
 2:distress     22:12
 ...
<CLR→Exit>/ENT→OK>
```

Der neueste Notalarm befindet sich immer ganz oben auf Position eins. Um die genauen Daten anzusehen, wird Enter gedrückt.

```
Distress ID:
   211445500
Piracy attack
Distress time & Pos
Time: UTC 08:34
Pos.: Lat 63°10´ N
      Lon 003°45´E
```

Der zuletzt eingegangene Notalarm befindet sich immer ganz oben auf Position eins. Um die genauen Daten anzusehen, wird Enter gedrückt. Vom Havaristen sind seine MMSI-Nummer, möglicherweise ein Schlagwort, das die Havarie beschreibt, sowie die Uhrzeit und seine Position hinterlegt. Eine Datumsangabe wird nicht dargestellt, so dass die Tage leider nicht zugeordnet werden können.

Distress settings IC-M505 und DS100

Die Einleitung eines **eigenen Notalarms** geschieht bei beiden Anlagen über den Menüpunkt "**Distress setting**". Dafür wird zuerst das Menü aufgerufen.

```
  --DSC-Menu--
Select Item
  ...
→ Distress setting
```

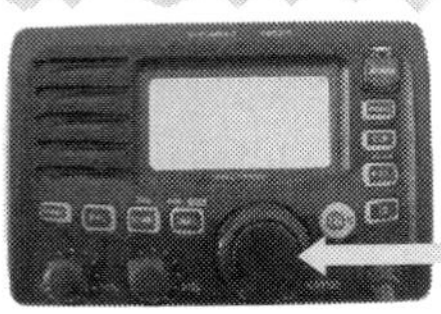

Auf **Distress setting** und **Enter** drücken

```
<Select a subject>
 ...
▶Distress setting
```

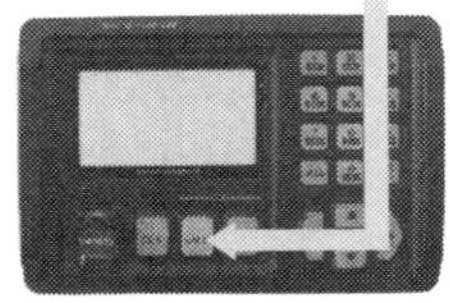

Anschließend wird die Art des Notfalls (nature) aus einer vorgefertigten Liste ausgewählt, gefolgt von der Eingabe der Position und der Uhrzeit in UTC.

```
   <select nature>
 Undesignated
▶Fire,explosion
 Flooding
 Collision
 Grounding
 Capsizing
 Sinking
 Disable adrift
 Abandoning ship
 Piracy attack
 Man overboard
 Epirb emission
<CLR→Exit>/ENT→OK>
```

Notfallart wählen und **Enter**

Falls wie in der Prüfung kein GPS angeschlossen ist, müssen Position und UTC-Zeit per Hand eingegeben werden. Die Eingabe der UTC-Zeit erfolgt nach der Positionseingabe.

Zum Senden des Notalarms wird die Klappe vor der roten **Distress-Taste** geöffnet und die Taste so lange gedrückt, bis der Notalarm gesendet wurde. Bei den hier erwähnten Anlagen 5 Sekunden lang gedrückt halten.

```
<Input a position>

Latitude
  ____°____´N
Longitude
  ____°____´E
<A/a→Null data>
<CLR→Exit>/ENT→OK>
```

Position eingeben und **Enter** drücken

Beim **DS-100-Controller** erscheint eine Handlungsanweisung zum Aussenden des Notalarms und eine Zusammenfassung der Notfalldaten, siehe unten. Diese Darstellung entfällt bei der neueren Anlage **IC-M505.** Hier gelangt man nach der Eingabe der Notfalldaten plötzlich wieder zurück ins Hauptmenü und muss dann für 5 Sekunden die rote Distress-Taste ohne weiteren Hinweis drücken.

```
<Push and hold
[Distress] for 5 sec>
Nature of Distress:
          sinking
MNL: UTC  18:10
     Lat  62°10´N
     Lon   3°45´E
```

Abbildung Links: Sendeanweisung des DS-100-Controllers.

MNL steht für eine manuell eingegebene Position und Uhrzeit. Wäre ein GPS-Empfänger angeschlossen, stünde dort **GPS**.

Wenn im Notfall keine Zeit mehr verbleibt, das Menü aufzurufen und die Notfalldaten über **"Distress-settings"** zu präzisieren, wird sofort fünf Sekunden lang die rote Notalarm-Taste gedrückt. Somit werden bei einem angeschlossenen GPS-Empfänger zumindest die genaue Schiffsposition und die eigene MMSI- Nummer an alle Funkstellen in Reichweite übermittelt. Anhand der MMSI- Nummer kann das MRCC herausfinden, um welches Schiff es sich handelt und wie viele Personen für dieses Schiff zugelassen sind, so dass die Dimension der Hilfeleistung auf dieses Schiff angepasst werden kann. Als Notfallart wird in diesem Fall **"undesignated"**, also unbestimmt, gesendet. Der Notalarm wird **alle vier Minuten** vom Gerät automatisch wiederholt.

In Reichweite der **Küstenfunkstellen (A1-Gebiet)** wird der Notalarm vom jeweiligen zuständigen MRCC sowohl als digitale Textnachricht (siehe Abbildung) als auch per Sprechfunk bestätigt und Rettungsmaßnahmen werden eingeleitet. Mit dieser DSC-Bestätigung wird auch der vierminütige Wiederholungsmodus des Alarms abgestellt. Deshalb dürfen Schiffe einen digitalen Notalarm nicht als digitale Textnachricht bestätigen, weil sie damit ebenfalls den Notalarm-Wiederholungsmodus an Bord des Havaristen abstellen würden.

Die Prüfungsfunkanlagen und alle **Klasse-D-Controller** bieten daher rein technisch gar nicht erst die Möglichkeit einer digitalen Notalarmbestätigung. Nur die Küstenfunkstellen bestätigen einen Notalarm auch digital. Schiffe nahe der Position des Havaristen bestätigen dann per Sprechfunk, wenn sie in der Lage sind, effektiv Hilfe anzubieten.

Wenn ein Notalarm an Bord des eigenen Schiffes empfangen wurde, muss zunächst gewartet werden, bis das MRCC (z.B. Bremen Rescue) den Erstkontakt zum Havaristen hergestellt hat und die wichtigsten Informationen ausgetauscht wurden. Anschließend ist man verpflichtet zusätzlich Hilfe anzubieten, wenn man dazu in der Lage ist und sich nicht selbst in Gefahr bringen würde.

Hat sich die Havarie **außerhalb der Küstenfunkstellen-Reichweite** ereignet und ist man nicht in der Lage selbst Hilfe zu leisten, muss der empfangene Notalarm durch eine Weiterleitung verlängert werden, falls andere Schiffe nicht schon Hilfe angeboten haben. So besteht die Möglichkeit, dass die Notfalldaten von weiteren Schiffen empfangen werden, die sich in Reichweite des eigenen Schiffes befinden, aber den Notalarm des Havaristen aufgrund der zu großen Distanz nicht direkt empfangen konnten.

Wer einen Notalarm empfängt, muss direkt Hilfe leisten oder Hilfe herbei holen, wenn eine eigene Hilfeleistung nicht möglich ist.

Reaktionen auf einen empfangenen Notalarm

Nach Empfang eines Notalarms muss jede Aussendung die den Notverkehr stört, unverzüglich eingestellt werden. Der Kapitän oder die für die Schiffsführung verantwortliche Person ist schnellstmöglich über den Fall zu informieren und der Notfall muss ins Logbuch eingetragen werden.

Es bestehen **vier Varianten** auf einen empfangenen Notalarm zu reagieren, die ausschließlich vom Kapitän oder Schiffsführer angeordnet werden dürfen. Diese hängen von der Möglichkeit einer eigenen Hilfeleistung ab und davon, ob die Küstenfunkstelle den Notalarm bestätigt und sich damit also in Reichweite des Havaristen befindet oder nicht.

Wir sind in der Lage, Hilfe zu leisten und das MRCC hat den Notalarm bereits bestätigt.	**Wir sind nicht in der Lage, Hilfe zu leisten und das MRCC hat den Notalarm bereits bestätigt.**
Wir warten auf eine Pause im Sprechfunkverkehr und bieten dem MRCC unter Nennung der eigenen Position und unserer erwarteten Ankunftszeit beim Havaristen unsere Hilfe an.	Wir können den Notverkehr weiterhin verfolgen, senden aber gar nichts.
Wir sind in der Lage, Hilfe zu leisten und das MRCC hat den Notalarm nicht bestätigt.	**Wir sind nicht in der Lage, Hilfe zu leisten und das MRCC hat den Notalarm nicht bestätigt.**
Wir bestätigen den Empfang des Notalarms per Sprechfunk und informieren den Havaristen in einer weiteren Meldung über Details unserer Hilfeleistung, wie beispielsweise unsere voraussichtliche Ankunftszeit.	Wir senden eine Weiterleitung der Notfalldaten, in der Hoffnung, dass diese von einer Küstenfunkstelle oder von anderen Schiffen empfangen werden.

Set up Menü IC-M505 und DS100

In diesem Menü lassen sich verschiedene Einstellungen prüfen und ändern. Die wichtigsten werden hier erwähnt. Der Menüpunkt **Offset Time** eröffnet die Möglichkeit, immer die jeweilige Ortszeit in der Grundeinstellung der Anlage anzeigen zu lassen.

Dafür wird die aktuelle UTC-Zeit um die Stundenanzahl addiert oder subtrahiert, die in diesem Menüpunkt eingetragen wird. Beispiel: Die aktuelle UTC-Zeit wäre 12.00 Uhr und das eigene Schiff befindet sich zur mitteleuropäischen Sommerzeit (MESZ) nahe bei Helgoland. Wird bei Offset Time **+02:00** angegeben, so wird die Ortszeit (Local) als 14:00 Uhr in der Grundeinstelllung der Anlage neben der Position angezeigt.

Besonders sinnvoll ist die Umstellung von UTC auf Ortszeit nicht, da für den Sprechfunkverkehr zumindest immer eine Uhr an Bord auf UTC stehen sollte. Es wird lediglich in der Prüfung ab und zu verlangt.

Sommerzeit MESZ = UTC + 2 Std.

Winterzeit MEZ = UTC + 1 Std.

```
  --DSC-Menu--
Select Item
  ...
▶ Set up
```

Wichtige Bereiche im Setup-Menü

```
  --DSC-Menu--
...
Address ID
Offset Time
MMSI Check
...
```

MMSI-Check

In dem Menüpunkt kann die eigene MMSI-Nummer eingesehen werden. Diese lässt sich nicht ohne weiteres ändern, da man nicht in der Lage sein darf, sei es auch nur versehentlich, die Identität des Schiffes zu ändern.

Adressbuch

Es können zur schnelleren Anwahl im Adressbuch MMSI-Nummern von Schiffen und Küstenfunkstellen unter "add Indv ID" oder "add Adress ID" gespeichert werden.

Im Adressbuch lassen sich **Gruppenrufnummern**, „group ID", beginnend mit einer Null, hinzufügen, um damit mehrere Schiffe gleichzeitig kontaktieren zu können. Eine Gruppen-MMSI muss auf Antrag von der Bundesnetzagentur zugeteilt werden, was den Einsatz insbesondere für Sportboote sehr unflexibel macht.

Im Set-up Menü lassen sich weiterhin **Helligkeit** (brightness) und **Kontrast** (contrast) regeln und den jeweiligen Lichtverhältnissen anpassen.

10. Gerätebedienung und Sprechfunk

Sprechfunkverfahren nach WRC 07

Die hier verwendeten Sprechfunkalgorithmen können in den Radio Regulations nachgeschlagen werden. Die im Jahre 2007 vorgenommene Aktualisierung der Radio Regulations (WRC 07) beinhaltet die für unseren Sprechfunkverkehr wesentlichen Änderungen. Diese finden sich auch in aktuelleren Versionen, nämlich in den Dokumenten der **Weltfunkkonferenz von 2012 und 2015.**[4]

Die Vollzugsordnung für den Funkdienst (VO-Funk) ist eine Übersetzung der Radio Regulations ins Deutsche, jedoch letztmalig von 1982. Auch das Handbuch für den Seefunkdienst, Ausgabe 2006 ab Seite 152ff, beinhaltet die relativ alten, aber noch gültigen Sprechfunkverfahren in Deutschland.

Während der Welt-Funkkonferenz wurden aktuellere Sprechfunkverfahren beschlossen, diese sind jedoch noch nicht in die letzte Ausgabe der deutschen VO-Funk integriert und damit auch nicht in deutsches Recht umgesetzt. Natürlich werden diese neueren Verfahren bereits weltweit verwendet, auch in Deutschland.

Dieses Lehrbuch beschreibt die neuen Verfahren, da diese in Prüfungen und weltweit in der Funkabwicklung zur Anwendung kommen.

Die für die Prüfung verlangten Pflichtaufgaben und sonstigen Fertigkeiten werden im Folgenden anhand prüfungsnaher Beispiele beschrieben.

Falls für das in der Prüfung vorgelegte Szenario die Nutzung des DSC- Controllers möglich ist, müssen zuerst der DSC-Anruf und anschließend der Sprechfunk durchgeführt werden.

---

[4] vgl. Radio Regulations, edition of 2012 - volume 4. Operational procedures for the use of digital selective-calling equipment in the maritime mobile service, Seite 73ff **und**
volume 1, Article 32, Operational procedures for distress communications in the
global maritime distress and safety system (GMDSS)

Prüfungsprotokoll

Nr.	Pflichtaufgaben		Versuch 1	Versuch 2
	Prüfling A	**Prüfling B**		
1	DSC-Controller editieren und Senden eines Notalarms	Speicherabfrage und Bestätigung des Empfangs eines DSC-Notalarms		
2	Aussenden der Notmeldung	Weiterleitung eines Notalarms bzw. einer Notmeldung per Sprechfunk		
3	Beenden des Notverkehrs	Aufhebung eines Fehlalarms		
4	Controller editieren, Senden eines Dringlichkeitsanrufes und Abgabe der Dringlichkeitsmeldung	DSC-Controller editieren, Senden eines Sicherheitsanrufes und Abgabe der Sicherheitsmeldung		

Nr.	Sonstige Fertigkeiten	Versuch 1	Versuch 2
1	DSC-Speicherabfrage und Empfangsbestätigung		
2	Abwicklung des Notverkehrs		
3	Funkstille gebieten		
4	Abwicklung des Funkverkehrs vor Ort		
5	Aufhebung einer Dringlichkeitsmeldung		
6	DSC-Controller editieren und Senden eines Routineanrufes an eine Seefunkstelle		
7	Kanalwechsel		
8	Abwicklung des Routinefunkverkehrs mit einer Seefunkstelle		
9	DSC-Controller editieren und Senden eines Routineanrufes an eine Küstenfunkstelle		
10	Abwicklung des Routinefunkverkehrs mit einer Küstenfunkstelle.		
11	Einstellen des DSC-Controllers		

Die Pflichtaufgaben Nr. 1.a) bis 4.a) oder Nr. 1.b) bis 4.b) müssen vom Kandidaten mindestens im zweiten Versuch mit jeweils ausreichendem Ergebnis absolviert werden. Wird eine der Aufgaben auch im zweiten Versuch mit „nicht ausreichend“ bewertet, so zählt die praktische Prüfung als nicht bestanden. Weiterhin müssen zwei sonstige Fertigkeiten mindestens beim zweiten Versuch mit jeweils ausreichendem Ergebnis absolviert werden. **Nachfolgend wird jedes Tabellenfeld des Prüfungsprotokolls mit einer Aufgabenstellung und Musterlösung beschrieben.**

Pflichtaufgaben in der Prüfung

A1, A2: Notanruf und Notmeldung

Szenario: Athene / DMJK 211444330, Person over board in Position 54-35N, 010-20E, 12:04 MESZ (= 10:04 UTC).

DSC

Hauptmenü Distress setting.

```
    --DSC-Menu--
Select Item
  ...
→ Distress setting
```

Notfallart wählen, Enter

```
   <select nature>
...
 → Man overboard
...
```

Position eingeben, Enter

```
<Input a position>

Latitude
    54°35´N
Longitude
   010°20´E
...
```

Zeit eingeben, Enter

```
<Input a time>

UTC    10:04
...
```

5 Sek. Distress drücken.

Nach der DSC-Aussendung wechselt das Gerät automatisch auf CH 16 und auf volle Sendeleistung (25W).

Im Anschluss folgt die Sprechfunk-Notmeldung.

Sprechfunk

MAYDAY MAYDAY MAYDAY
this is
Athene, Athene, Athene / DMJK 211444330

MAYDAY
Athene / DMJK
Position 54-35N, 010-20E (I repeat..)
Person over board
Require immediate help
OVER

Hinweise

Einmal aktiviert, wird der DSC-Notalarm vom Gerät automatisch alle 4 min. wiederholt, bis das zuständige MRCC den Alarm durch eine DSC-Bestätigung abbricht oder am Gerät selbst die CLR-Taste gedrückt wird.

Bei manchen Anlagen muss das Gerät aus und wieder eingeschaltet werden, um diesen Notalarmwiederholungsmodus abzubrechen.

Möglichst folgendes beachten:
Zahlen einzeln sprechen, z. B. **54-35N** wie *"five four degrees three five minutes north"*.
Positionsangaben wiederholen.

Schiffsname und Rufzeichen wie folgt sprechen: **Athene / DMJK** wie
"Athene callsign delta mike juliett kilo".

B1: Notalarmbestätigung

Szenario: Priwall / DC9954 211456320 received a distress alert. Acknowledge the distress alert.

DSC

Hauptmenü Received calls

```
    --DSC-Menu--
Select Item
  ...
→Received calls
```

Distress message, Enter

```
<select a message>
→distress message
  other message

<CLR→Exit>/ENT→OK>
```

Den neusten Notalarm wählen, Enter drücken

```
<select a message>
  1:distress     08:34
  2:distress     22:12
  ...
<CLR→Exit>/ENT→OK>
```

Nun werden die Daten des Havaristen angezeigt.

```
Distress ID:
   211445500
fire, explosion
Distress time & Pos
Time: UTC 23:56
Pos.: Lat 63°10´ N
      Lon 003°45´E
```

Die Bestätigung eines Notalarms kann bei Klasse-D-Controllern schon rein technisch nicht per DSC bestätigt werden. Bestünde die Möglichkeit, so dürften Schiffe sie trotzdem nicht nutzen.

Sprechfunk

MAYDAY
211445500
this is
Priwall Priwall Priwall / DC9954
RECEIVED MAYDAY

Hinweise

Die Bestätigung eines digital empfangenen Notalarms erfolgt von Schiffen nur per Sprechfunk.

Bei **Klasse-D-Controllern** kann diese schon rein technisch nicht per DSC erfolgen. Bestünde die Möglichkeit, so dürften Schiffe sie trotzdem nicht nutzen. Hatte der Havarist nur noch Zeit, einen DSC-Notalarm ohne Sprechfunknotmeldung zu senden, ist lediglich seine MMSI-Nummer als Identität vorhanden, da der DSC- Controller weder den Schiffsname noch das Rufzeichen übermittelt.

Vor der Notalarmbestätigung sollte man einige Sekunden warten, um zuerst einem MRCC die Möglichkeit zu geben, mit dem Havaristen in Kontakt zu treten.

In der Regel reagieren die Seenotleitstellen sofort auf eingehende Notmeldungen. Wenn also ein Notalarm empfangen wurde und das MRCC nicht geantwortet hat, war es vermutlich außerhalb der Reichweite des Havaristen. Womöglich hat sich die Havarie dann nicht in Küstennähe ereignet oder die Antenne des Havaristen hatte keine ausreichende Höhe und damit eine zu geringe Reichweite.

Wer einen Notalarm bestätigt, muss auch effektiv Hilfe anbieten können. Das Anbieten der Hilfe erfolgt ohne lange Pause direkt nach der zuvor gesprochenen Bestätigung.

B1 - erweiterte Aufgabe: Bestätigung einer per DSC und Sprechfunk erhaltenen Notmeldung mit Hilfeleistung

Szenario: Priwall / DC9954 211456320 received a distress alert and message from Athene / DMJK 211444330. Render assistance to the ship in distress. ETA is 20 min.

Sprechfunk

MAYDAY
Athene / DMJK
this is
Priwall / DC9954
RECEIVED MAYDAY

MAYDAY
Athene / DMJK
this is
Priwall / DC9954
We are close to your position and will be able to help you in 20 minutes.
OVER

Hinweise

Wenn ein Notalarm sowohl per DSC als auch per Sprechfunk empfangen wurde, ist es besser verständlich in der Bestätigung den Havaristen mit seinem Namen und Rufzeichen anzusprechen, als mit seiner MMSI-Nummer.
Direkt im Anschluss daran wird Hilfe angeboten. Also darf auch nur bestätigt werden, wenn Hilfe angeboten werden kann. Wenn keine Hilfe angeboten werden kann und nicht per Sprechfunk andere Schiffe oder die Küste bereits Hilfe anbieten, muss Hilfe herbeigeholt werden. Das geschieht per Sprechfunk durch eine Notrufweiterleitung "MAYDAY RELAY".

In der Prüfung ist es erforderlich, nach dem oben erwähnten Muster die Hilfeleistung per Sprechfunk mitzuteilen, auch wenn der Prüfer lediglich in seiner Aufgabenstellung erwähnt, dass Hilfe angeboten werden soll und den Punkt "Bestätigung" nicht anspricht.

Das Anbieten einer Hilfeleistung impliziert eine vorausgegangene Bestätigung der Notmeldung zumindest in der Prüfung.

B2: Weiterleitung eines Notalarms

Szenario: Your ship Priwall / DC9954 211456320 received a distress alert and message from Athene / DMJK 211444330, Person over Bord in Position 54-35N, 010-20E, 12:04 MESZ (=10:04 UTC). Priwall is unable to help.

DSC	Sprechfunk
Die DSC-Einleitung (**All Ships Call**) entfällt ab 01.Oktober 2018, da die meisten Sportboote mit Klasse-D-Controllern ausgerüstet sind, die keine richtige Weiterleitung ermöglichen.	**MAYDAY RELAY, MAYDAY RELAY, MAYDAY RELAY** **All Stations, All Stations, All Stations** **this is** **Priwall, Priwall, Priwall / DC9954 211456320** **At 1004 UTC following received on CH 16:** **MAYDAY** **Athene / DMJK 211444330** (Havarist) **Position 54-35N, 010-20E (I repeat..).** **Person over Board.** **Require immediate help** **OVER**

Hinweise

Mit Klasse-D-Controllern kann leider technisch bedingt kein Distress-Relay-Alarm an das MRCC mit den gespeicherten Originalnotfalldaten, wie Positions-, Ursache- und Identitätsinformationen des Havaristen, übermittelt werden.

Nur ein allgemeiner Anruf an alle Schiffe (All Ships Call) der Priorität "Distress" wäre denkbar, um durch das laute Alarmsignal die Crews umliegender Schiffe auf eine folgende Sprechfunkmeldung zum Notverkehr aufmerksam zu machen.

Alles Weitere muss per Sprechfunk präzisiert werden, so dass klar ist, dass nicht das eigene Schiff in Not ist, sondern eine Weiterleitung für den Havaristen gesendet wird.

A3: Notverkehr beenden

Szenario: At 12:15 MESZ, Athene / DMJK 211444330 rescued the lost person after a man over board maneuvre without external help by other ships.

DSC	Sprechfunk
Notfall im küstennahen A1-Gebiet: Der DSC-Controller muss nicht betätigt werden, da das zuständige MRCC unseren Notalarm-Wiederholungsmodus bereits nach wenigen Sekunden durch eine DSC-Bestätigung abgestellt haben wird. Bei einem **Notfall in den Seegebieten A2, A3, A4** wird das MRCC unseren UKW-Notalarm nicht empfangen haben und der Notalarm wird automatisch alle 4 min wiederholt, bis dieser durch das Drücken der CLR-Taste abgestellt wird.	**MAYDAY** **all stations, all stations, all stations** **this is** **Athene, Athene, Athene / DMJK 211444330** **1015 UTC** **Athene / DMJK** **SILENCE FINI** **Hinweise** Wenn ein Notfall aus eigener Kraft selbst behoben werden konnte, z.B. Person selbst gerettet, Feuer selbst gelöscht, kann dieser auch selbst beendet werden. In diesem Fall ist natürlich die Kennung des Absenders mit der Kennung des Havaristen identisch. Es werden jeweils die gleichen Schiffsnamen genannt, nur durch die UTC-Zeit voneinander getrennt. SILENCE FINI wird französisch ausgesprochen, etwa *"seelonce feenee"*

Ein Fehler, der Berichten zufolge in Prüfungen häufig geschieht, ist gerade bei dieser Meldung das Vergessen der Phrase 3 x "**all stations**". Das stellt meistens kein Problem dar, da der Prüfer bei jeder vorgelegten Aufgabenstellung einen zweiten Versuch einräumt.

Sollte aber bei diesem zweiten Versuch der Fehler erneut auftreten, kann aufgrund dessen die praktische Funkprüfung nicht bestanden werden.

B3: Fehlalarm aufheben

Szenario: Caroline / DKJK 211347340, sent a false distress alert in Position 54-33N, 010-18E at 15:04 MESZ (=13:04 UTC).

DSC

Über 90% der Notalarme sind in der Regel Fehlalarme, die beispielsweise aus Spielerei am Gerät resultieren, ohne dass ein Notfall zugrunde liegt. Ein Fehlalarm muss schnellstmöglich mit der **CLR-Taste** zurückgesetzt werden. Dadurch wird der Notalarmwiederholungsmodus abgebrochen und zusätzlich eine Notalarmbestätigung vom Gerät des Fehlalarms selbst versandt.

Geräte, die keine CLR-Abbruchfunktion im Falle eines Fehlalarms haben, müssen **kurz aus- und anschließend wieder eingeschaltet werden**, um die automatische Alarmwiederholung abzubrechen.

Jeder ist mit allen erforderlichen Mitteln berechtigt, die verantwortlichen Landstellen (z.B. MRCC Bremen), über die Fehlalarmierung zu informieren, und den Alarm aufzuheben. Liegt keine grobe Fahrlässigkeit vor, werden beim Auslösen und einer anschließender Aufhebung eines Alarms keine rechtlichen Schritte eingeleitet.

Sprechfunk

All Stations All Stations All Stations

this is

Caroline, Caroline, Caroline / DKJK 211347340

Please cancel my distress alert of 13:04 UTC

Hinweise

Die Meldung gehört nicht zum Notverkehr und wird nicht mit Mayday eingeleitet, weil gar keine Notlage zugrunde liegt.

Uhrzeit und Datum, z.B. 23 June at 1304 UTC kann auch als 231304 UTC, June dargestellt werden.

Anstelle der genauen Datumsangabe kann auch "from today" gesprochen werden.

Da jeder Alarm als "realer Alarm" angesehen werden muss, führt dies zu großen Belastungen in den RCCs und MRCCs und zu unnötigen, oftmals weltweiten SAR-Aktionen und Einsätzen von SAR-Mitteln inklusive der damit entstehenden Kosten.

A4: Dringlichkeitsanruf und -meldung

Szenario: Bob / DV2040 211076320, has a broken rudder and needs tug assistance. Your Position is close to lightbuoy Fehmarnsund.

DSC

Hauptmenü All ships call

```
   --DSC-Menu--
Select Item
 ...
→ All ships call
```

Urgency wählen, „Enter"

```
   --DSC-Menu--
Select Category
  Routine
  Safety
→Urgency
  Distress
...
```

Kanal wählen, „Enter"

```
   --DSC-Menu--
Select Traffic CH
16
...
```

Dringlichkeitsanruf senden.

```
<Push [CALL]&[ENT]
      simultaneously>

<to stop the call,push
[CLR]>
```

Bei IC-M505 „Enter" drücken. Bei DS-100 CALL und „Enter" gleichzeitig drücken.

Nach der Aussendung schaltet das Gerät automatisch auf CH 16.

Danach die Dringlichkeitsmeldung per Sprechfunk aussenden.

Sprechfunk

PAN PAN, PAN PAN, PAN PAN
all stations, all stations, all stations
this is
Bob, Bob, Bob / DV2040, MMSI 211076320
Position close to lightbuoy Fehmarnsund.
My rudder is broken, and I need urgent tug assistance.
OVER

Hinweise

Mit dem DSC-Anruf können hier leider keine Positionsdaten, wie bei Notfällen möglich, übermittelt werden.

Somit dient dieser Anruf lediglich zur Übermittlung von Priorität und Arbeitskanal, auf dem die Dringlichkeitsmeldung verbal abgesetzt wird. Das geschieht im Dringlichkeitsfall auch auf CH 16, falls dieser nicht durch einen Notverkehr oder früher eingeleiteten Dringlichkeitsverkehr belegt ist.

Auch hier ist es sinnvoll, die Positionsdaten zu wiederholen.

B4: Sicherheitsanruf und -meldung

Szenario: Caledonia / DV2040 211076320, observed in position 53-53N 008-56E a drifting container, red painted.

DSC

Hauptmenü All ships call

```
    --DSC-Menu--
Select Item
  ...
→ All ships call
```

Priorität wählen, „Enter"

```
    --DSC-Menu--
Select Category
  Routine
→Safety
  Urgency
  Distress
...
```

Kanal wählen, Enter

```
    --DSC-Menu--
Select Traffic CH
16
...
```

Sicherheitsanruf senden.

```
<Push [CALL]&[ENT]
     simultaneously>

<to stop the call,push
[CLR]>
```

Bei IC-M505 „Enter" drücken.
Bei DS-100 CALL und „Enter" gleichzeitig drücken.

Nach der Aussendung schaltet das Gerät automatisch auf CH 16.

Danach die Sicherheitsmeldung per Sprechfunk aussenden.

Sprechfunk

SECURITE, SECURITE, SECURITE
all stations, all stations, all stations
this is
Caledonia, Caledonia, Caledonia / DV2040
211076320
I observed in position 53-53N 008-56E a
drifting container, red painted,
navigate carefully.
OVER

Hinweise

Sicherheitsmeldungen mit nautischen Warnungen, sollten auch an die nächste Küstenfunkstelle gesendet werden, damit diese dann weitere Maßnahmen veranlassen und beispielsweise die Information als Warnnachricht über verschieden Quellen wie Sprechfunk oder Navtex verbreiten lassen kann.

Schiffe, die eine Sicherheitsmeldung empfangen, bestätigen nicht, sondern schalten den angegebenen Sprechfunkkanal ein und hören die Meldung ab.

Sonstige Fertigkeiten in der Prüfung

1: DSC Speicherabfrage, Bestätigung

Szenario: Glentanner/DZZP 218445001 received a routine call from Athene / DMJK 211444330. Acknowledge the call. You are able to comply.

DSC Speicherabfrage

Hauptmenü received calls, „Enter"

```
    --DSC-Menu--
Select Item
  ...
➔Received calls
```

Other messages, „Enter"

```
<select a message>
  distress message
➔other message

<CLR➔Exit>/ENT➔OK>
```

Individual call, „Enter"

```
<select a message>
➔1: Individual call
  2: All ships call
  ...
<CLR➔Exit>/ENT➔OK>
```

Die Details der Nachricht

```
<Message contents>

From: 211444330
F3E/G3E simplex
CH:72
No information

<A/a➔Data clear>
```

Aus dem Speicher kann nicht bestätigt werden. Dafür geht man zurück ins Hauptmenü. Weiter siehe nebenstehende Beschreibung der Empfangsbestätigung.

DSC Empfangsbestätigung

Hauptmenü Individual ACK, „Enter"

```
<Select a subject>
  ...
➔Individual ACK
```

Zuletzt empfange MMSI auswählen, „Enter"

```
<Select  address  ID>

➔211444330
  other

<CLR➔Exit>/ENT➔OK>
```

Able to comply, „Enter"

```
<Select a comply>
➔Able to comply
  Unable to comply

<CLR➔Exit>/ENT➔OK>
```

Den vorgeschlagenen Kanal mit „Enter" bestätigen, falls dieser plausibel ist, ansonsten korrigieren und den Kanal wechseln.

```
<Select Traffic CH>
  CH: 72


<CLR➔Exit>/ENT➔OK>
```

Mit CALL und „Enter" die Bestätigung senden.

```
<Push [CALL]&[ENT]
      simultaneously>

<to stop the call,push
[CLR]>
```

Die Bestätigung signalisiert, dass nun auf dem vorgeschlagenen Arbeitskanal per Sprechfunk Empfangsbereitschaft besteht.

2: Abwicklung Notverkehr

Szenario: Priwall / DC9954 renders assistance in search an d rescue for the lost person from the ship in distress, Athene / DMJK. ETA is 10:30 UTC.

Sprechfunk

Die Abwicklung eines Notverkehrs erfolgt immer nach dem gleichen Muster per Sprechfunk. Dabei kann jedes beteiligte Schiff wie folgt Informationen senden oder mit anderen beteiligten Schiffen oder der Rettungsleitstelle (RCC bzw. MRCC) kommunizieren.

MAYDAY
Athene / DMJK (Gesprächspartner)
this is
Priwall / DC9954 (eigenes Schiff)
I will be able to render assistance in searching the lost person at 10:30 UTC.
OVER

3: Funkstille gebieten

Szenario: Peruvian / DB6958 disturbs the distress traffic.
Your ship is Athene / DMJK.

Sprechfunk

Alle Funkstellen, die nicht am Notverkehr teilnehmen und auch nicht selbst in Not sind, dürfen bis zur Beendigung des Notverkehrs nicht auf den Frequenzen senden, auf denen ein Notverkehr abgewickelt wird.

Das Auferlegen von Funkstille geschieht entweder durch das Schiff in Not selbst, durch das Schiff welches die Such- und Rettungsarbeiten koordiniert oder durch die zuständige Rettungsleitstelle.

Wenn die störende Funkstelle bekannt ist, z.B. Peruvian / DB6958, kann diese per Schiffsname und Rufzeichen direkt angesprochen werden.

Peruvian / DB6958
SILENCE MAYDAY

Ist das störende Schiff unbekannt oder stören mehrere Funkstellen, wird die Meldung an alle Funkstellen adressiert. Die Aussprache erfolgt hier französisch,
etwa *"silaans mädeh"*

All Stations
SILENCE MAYDAY

4: Abwicklung des Funkverkehrs vor Ort

Szenario: You are On Scene Co-ordinator with your ship Athene / DMJK and you received a message from a very fast powerboat named Seacloud, that they will be able to help in not more than 10 minutes. The ship in distress, Paul / DD9354 is holed and unable to control the water intake.

Sprechfunk

Der Notverkehr vor Ort betrifft die Kommunikation zwischen dem Schiff in Not und den Hilfsfahrzeugen, die sich an der Rettungsaktion beteiligen, sowie die Kommunikation zwischen den beteiligten Hilfsfahrzeugen untereinander und mit der Funkstelle, welche die Such- und Rettungsarbeiten koordiniert.

MAYDAY
Paul / DD9354
this is
Athene / DMJK
powerboat Seacloud is close to your position, they will be able to arrive within the next 10 Minutes.
OVER

Das Fahrzeug, welches die Regelung und Steuerung des Funkverkehrs vor Ort übernimmt wird als "On Scene Co-ordinator" bezeichnet. Die Gesamtleitung hat aber die zuständige Rettungsleitstelle (RCC bzw. MRCC).

5: Aufhebung Dringlichkeitsmeldung

Szenario: Caledonia / DV2040 211076320. At 1318 UTC you requested tug assistance due to an engine failure. Later the problem is solved and the engine is working. Cancel the urgency message.

Sprechfunk

Pan Pan, Pan Pan, Pan Pan
all stations, all stations, all stations
this is
Caledonia, Caledonia, Caledonia / DV2040 211076320
Please cancel my urgency message of 1318 UTC.
Over

6: Kanalwechsel

Die Kanäle werden durch den großen Drehregler verstellt, was im Kapitel der Gerätebedienung beschrieben wurde.

7: DSC-Routineanruf an ein Schiff

Szenario: Orca / DE1340 211076320 starts a routine call to Britania / DO7629 211557040. Britania is in vicinity to your ship.

DSC

Hauptmenü: Individual call

```
<Select a subject>
  Entry position/time
→Individual call
```

Manuelle Eingabe, „Enter"

```
<Select address ID>

→Manual entry
  Athene
```

MMSI eingeben, „Enter"

```
<Input address ID>
ID:(9digit)
240115570

<CLR→Exit>/ENT→OK>
```

Priorität Routine, „Enter"

```
<Select  a category>
→Routine
  Safety
  Urgency
  Distress
<CLR→Exit>/ENT→OK>
```

Kanalvorschlag, „Enter"

```
<Input a traffic CH>
CH: 72

<CLR→Exit>/ENT→OK>
```

Zum Senden Call und „Enter" Gleichzeitig drücken.

```
<Push [CALL]&[ENT]
      simultaneously>

<to stop the call,push
[CLR]>
```

Nach der Aussendung wechselt der Arbeitskanal automatisch auf K 72.

Sprechfunk

Britania Britania Britania / DO7629
this is
Orca Orca Orca / DE1340
"Details der Meldung"
OVER

Hinweise

Erst nach der digital erhaltenen Empfangs-bestätigung (Individual ACK) von der Britania, siehe sonstige Fertigkeit 1, Speicherabfrage und Empfangsbestätigung, kann der Sprechfunk auf dem vorgeschlagenen Kanal 72 starten.

Der Kanalwechsel muss nicht noch einmal mit dem Kanalwahlregler manuell eingestellt werden. Er erfolgt ausschließlich durch die Eingabe des Kanals im Durchlauf des Menüs "Individual call". Der DSC-Controller schaltet dann die Sprechfunkeinheit auf den im Menü zuvor gewählten Kanal um.

Beim verbalen Erstkontakt möglichst 3 x die Schiffsnamen sprechen, in der weiteren Abwicklung nur einmal.

Kanäle für den Routinefunk
69 · 72 · 77

8: Abwicklung des Routinefunkverkehrs mit einem Schiff mit Kanalwechsel

Falls ein unbekanntes Schiff angefunkt werden soll, welches sich in Sichtweite der eigenen Position befindet, aber noch so weit entfernt ist, dass der Schiffsname nicht abgelesen werden kann, verbleibt nur der Sprechfunkverkehr mit einem Erstanruf auf Kanal 16 (1W) und einem späteren Kanalwechsel (1 W) auf einen Arbeitskanal. Da die MMSI-Nummer auch unbekannt ist, kann kein Kanalvorschlag per DSC geschehen.

Beispiel

Das **Segelboot Priwall / DC9954** möchte eine unbekannte **Motoryacht mit blauem Rumpf und weißem Deck** ansprechen, welche gegenwärtig die Fehmarnsundbrücke Richtung Westen passiert. Das eigene Schiff Priwall befindet sich rund 1/2 Seemeile westlich der Fehmarnsundbrücke und möchte die Motoryacht aufgrund einer Flaute um Schlepphilfe bitten. Die unbekannte Motoryacht identifiziert sich später als Athene / DMJK.

Eigenes Schiff auf Kanal 16 (1 Watt)	**Gesprächspartner auf Kanal 16** (1 Watt)
1) Motoryacht, motoryacht, motoryacht with blue hull and white superstructures passing fehmarnsound-bridge westbound this is Sailingboat Priwall Priwall Priwall / DC9954 I am half a mile west of you. Do you read me? (oder " do you hear me?") Over	**2)** Priwall / DC9954 this is Athene / DMJK I read you loud and clear Over
3) Athene / DMJK this is Priwall / DC9954 Change to channel 72 Over	**4)** Priwall / DC9954 this is Athene / DMJK I go to channel 72 Out
Eigenes Schiff auf Kanal 72 (1 Watt)	**Gesprächspartner auf Kanal 72** (1 Watt)
5) Athene / DMJK this is Priwall / DC9954 Do you read me? Over	**6)** Priwall / DC9954 this is Athene / DMJK Yes, I read you Over
7) Athene / DMJK this is Priwall / DC9954 I am in dead calm, could you offer tug assistance to Heiligenhafen? Over	**8)** Priwall / DC9954 this is Athene / DMJK Yes, I will render tug assistance.... Over

9: DSC-Routineanruf an eine Küstenfunkstelle

10: Abwicklung Routineverkehr mit der Küste

Szenario: Athene / DMJK 211076320 starts a routine call to Kiel Radio to get a phone call to Hamburg.

DSC

Hauptmenü: Individual call

```
<Select a subject>
  Entry position/time
→Individual call
```

Manuelle Eingabe, „Enter"

```
<Select address ID>

→Manual entry
  Athene

<CLR→Exit>/ENT→OK>
```

MMSI eingeben, „Enter"

```
<Input address ID>
ID:(9digit)
002113200

<CLR→Exit>/ENT→OK>
```

Priorität Routine, „Enter"

```
<Select  a category>
→Routine
  Safety
  Urgency
  Distress
<CLR→Exit>/ENT→OK>
```

Kanalvorschlag entfällt, die Küstenfunkstelle gibt den Arbeitskanal vor.

Zum Senden Call u. „Enter" gleichzeitig drücken.

```
<Push [CALL]&[ENT]
     simultaneously>

<to stop the call,push
[CLR]>
```

Sprechfunk

Kiel Radio Kiel Radio Kiel Radio
this is
Athene Athene Athene / DMJK
Please arrange a phone call to Hamburg.
Number is 040......, accounting code is DP07.
OVER

Hinweise

Hier muss in der Ansprache trotz DSC-Einleitung nicht die MMSI-Nummer der Küstenfunkstelle genannt werden.

Da Küstenfunkstellen während ihrer Betriebszeiten auf jeden Fall besetzt sind und in der Regel beim Anruf von guten Gesprächsbedingungen ausgegangen werden kann, ist auch ein verkürzter Anruf möglich, in dem die Küstenfunkstelle nur einmal und das eigene Schiff zweimal benannt wird.

Die Küstenfunkstelle gibt in der Regel einen Duplexkanal vor, auf dem kein anderes Schiff mit den Standard-Funkanlagen die Funkmeldungen vom Schiff Richtung Küste mithören kann. Das würde nur auf Simplexkanälen funktionieren.

Andere Schiffe können auf Duplexkanälen nur die Antworten der Küstenfunkstelle hören, jedoch nicht die Meldungen von dem Schiff, das mit der Küstenfunkstelle kommuniziert.
Andere Landfunkstellen wie Häfen, Brücken oder Schleusen haben nicht immer eine MMSI und können in dem Fall nur per Sprechfunk erreicht werden.

11: Einstellen des Controllers

In der Prüfung kann dies kleine Fertigkeiten am DSC-Controller betreffen, wie beispielsweise die eigene MMSI-Nummer anzeigen zu lassen, einen Adressbucheintrag hinzuzufügen und zu löschen oder die "offset-time" Einstellung auf Ortszeit zu ändern.

Übersicht der Sprechfunkverfahren nach WRC 07[5]

Notverkehr Distress	Bestätigung Notmeldung	Abwicklung Notverkehr	Notruf Weiterleitung	Aufhebung Fehlalarm	Beendigung Notverkehr	Funkstille gebieten
DSC	**DSC**	**ohne DSC**	**ohne DSC**	**DSC**	**ohne DSC**	**ohne DSC**
Distress Settings	Speicheraufruf Received Calls Distress message		Seit Oktober 2018 ohne DSC	CLR drücken.		
Sprechfunk	**Sprechfunk**	**Sprechfunk**	**Sprechfunk**	**Sprechfunk**	**Sprechfunk**	**Sprechfunk**
Mayday Mayday Mayday	1x Mayday	1x Mayday	3x Mayday Relay		1x Mayday	
	1x Name 1x Rufzeichen **oder** 1x MMSI (Havarist)	1x Name 1x Rufzeichen	All Stations All Stations All Stations	All Stations All Stations All Stations	All Stations All Stations All Stations	1xName 1x Rufzeichen (der störenden Station)
this is	this is	this is	this is	this is	this is	oder
3x Name 1x Rufzeichen 1x MMSI	1x Name 1x Rufzeichen	1x Name 1x Rufzeichen	3x Name 1x Rufzeichen 1x MMSI	3x Name 1x Rufzeichen 1x MMSI	3x Name 1x Rufzeichen 1x MMSI	1x All Stations
1x Mayday 1x Name 1x Rufzeichen **Position, Ursache, Hilfeleistung,** weitere Infos		„Meldung" z.B. Hilfe anbieten.	AT ___ UTC received following on channel ___ "1x Mayday, 1x Name 1x Rufzeichen 1x MMSI **Position,** **Ursache, Hilfeleistung**"	Please Cancel my distress alert of ___ UTC	___ UTC 1x Name 1x Rufzeichen (Havarist)	
OVER	RECEIVED MAYDAY	OVER	OVER		SILENCE FINI	SILENCE MAYDAY

Dringlichkeits-meldung	Antwort auf Dringlichkeits-meldung	Aufhebung Dringlichkeits-meldung	Sicherheits-meldung	Schiff-Schiff Routineverkehr Kanal 69/72/77	Routineverkehr mit Küstenfunk-stelle
DSC	**DSC**	**ohne DSC**	**DSC**	**DSC**	**DSC**
All Ships Call	evtl. Individual Call		All Ships Call	Individual Call	Individual Call
Urgency	Urgency		Safety	Routine	Routine
Sprechfunk	**Sprechfunk**	**Sprechfunk**	**Sprechfunk**	**Sprechfunk**	**Sprechfunk**
3x Pan Pan	Pan Pan	3x Pan Pan	3x Securite	3x Name 1x Rufzeichen (Adressat).	z.B. Kiel Radio (Adressat)
3x All Stations	Name Rufzeichen	3x All Stations	3x All Stations		
this is	this is	this is	this is	this is	this is
3x Name 1x Rufzeichen 1x MMSI	1x Name 1x Rufzeichen	3x Name 1x Rufzeichen 1x MMSI	3x Name 1x Rufzeichen 1x MMSI	3x Name 1x Rufzeichen	3x Name 1x Rufzeichen 1x MMSI
Position, Meldung, Hilfeleistung	Hilfeleistung z.B.: "I can offer tug assistance"	Please cancel my urgency message of ___ UTC	Position, Meldung,	Meldung	Meldung
OVER	OVER	OVER	OVER	OVER	OVER

www.nautik-funk-berlin.de/Download/Sprechfunkvorlagen-nach-WRC07.pdf

[5] Vgl. Radio Regulations 2012, Chapter 7, ARTICLE 32.

Aufgabenstellungen zu den Audiodateien (MP3)

Nr.	Aufgabenstellung
1	Athene/DMJK, MMSI 211444330, Person over Board in Position 54-34N, 007-23E.
2	M/V Concordia/DF3434, MMSI 211007200. Acknowledge the receipt of the above distress message and render assistance within 20 minutes.
3	Sailingvessel Sea Cloud/DF3434, MMSI 211307250, received at 0932 UTC on channel 16: „MAYDAY Rubin/DGBX, MMSI 211454550 in position 54-15N 007-51E, explosion in engine room, 6 persons are injured, require medical assistance, we have to abandon the vessel".
4	M/V Concordia/DF3434,MMSI 211007200 is co-ordinating distress traffic. Impose silence for two unknown stations, disturbing on channel 16.
5	M/V Concordia/DF3434, MMSI 211007200, received the information, that all persons being on board on the ship in distress „Athene/DMJK" are rescued. Current time is 1346 UTC.
6	A ship in distress, Peruvian/DF8730, rescued a lost crew member at 1332 UTC without any assistance from other ships.
7	Fishing vessel Reindeer/DE3427, MMSI 211444210. Position 54°12'N, 003°34'E. A crewmember pushed the distress button and sent a false distress alert at 1246 UTC.
8	S/Y Caledonia/DV2040, MMSI 211000661. Position 3 nm N of light buoy DB5. You have a broken rudder, you need a tug.
9	M/V Hanseatic/DF3434, MMSI 211444210. Your distance to Caledonia is 3 nm, you can offer tug assistance in about 30 minutes.
10	Trawler Camertonian/DF3434, MMSI 218453000, is in position 54°10'N, 007°55'E. You observed a red painted drifting container, which is dangerous to navigation.
11	Lightning/DQWX, MMSI 211888221, wants to make a phone call to Germany, Berlin. Next coast station is Kiel Radio, working channel is 23. Account identifier is DP07, Tel.No. 030-375843
12	Glentanner/DZZP, MMSI 218445001, length 12 metres, needs a berth in the port of Ullapool.
13	Priwall/DC9954, a sailing vessel without an engine, is in dead calm in position 1 nm west of Fehmarnsound-bridge. Ask a white motoryacht with blue hull (Athene/DMJK) for tug assistance to Heiligenhafen. The motoryacht is currently passing the Fehmarnsound-bridge westbound.

Download der Sprechfunk-Audiodateien

Die Sprechfunklösungen für die oben beschriebenen Aufgabenstellungen können als Audiodateien im Internet heruntergeladen werden:
www.nautik-funk-berlin.de/Download/funk.zip

11. Prüfungsanforderungen zum SRC

Voraussetzungen für den Erwerb des SRC

Der Bewerber erhält das SRC wenn er das 15. Lebensjahr vollendet hat und die Voraussetzungen und Prüfungsanforderungen erfüllt sind. Das SRC ist unbefristet gültig.

Anforderungen an die theoretische Prüfung

Grundkenntnisse über den mobilen Seefunkdienst

Verkehrsarten im Bereich des mobilen Seefunkdienstes

- Not-, Dringlichkeits- und Sicherheitsverkehr
- Öffentlicher/nichtöffentlicher Nachrichtenaustausch
- Revier- und Hafenfunkdienst
- Schiff-Schiff-Verkehr
- Funkverkehr an Bord

Funkstellen im Bereich des mobilen Seefunkdienstes

- Seefunkstellen
- Küstenfunkstellen
- Revier- und Hafenfunkstellen usw.
- Luftfunkstellen des SAR-Dienstes
- Rettungsleitstelle (RCC)

Urkunden und Befähigungsnachweise

Grundkenntnisse über Frequenzen und Frequenzbänder

- Frequenzmerkmale: Ausbreitung der UKW-Frequenzen

Dem mobilen Seefunkdienst zugewiesene Frequenzen:

- Benutzung der UKW- Frequenzen im mobilen Seefunkdienst
- Begriff des Frequenzkanals, Simplex, Semi-Duplex und Duplex
- Not- und Sicherheitsfrequenzen für GMDSS
- Anruffrequenzen

Schutz der Notfrequenzen

- Versuchsaussendungen auf Notfrequenzen
- Aussendungen während des Notverkehrs
- Vermeidung schädlicher Störungen
- Verhinderung unzulässiger Aussendungen

Not-, Dringlichkeits- und Sicherheitsverkehr

Ultrakurzwellen(VHF)-Antennen

Stromversorgung von Seefunkstellen Anlage

Weltweites Seenot- und Sicherheitsfunksystem (GMDSS)

GMDSS

- Seegebiete A1 bis A4
- Empfangsbereitschaft auf den UKW-Notfrequenzen
- Funktionsanforderungen für Seefunkstellen gemäß SOLAS Kap. IV

Funktechnische Rettungsmittel

- Tragbare UKW-Sprechfunkgeräte
- Such- und Rettungsradartransponder (SART)
- Seenotfunkbaken (EPIRBs)
- Wesentliche Betriebsmerkmale bei COSPAS/SARSAT
- Inhalt der Aussendung
- Funktionsprüfung/Testbetrieb

NAVTEX-System

- Zweck von NAVTEX
- NAVTEX-Frequenzen
- Empfangsreichweite
- Nachrichtenformat

Such- und Rettungsarbeiten (SAR)

- See-Rettungsorganisation
- Aufgaben der Rettungsleitstellen (RCC)

Kenntnisse der englischen Sprache in Wort und Schrift für den ordnungsgemäßen Austausch von Informationen, zum Schutz des menschlichen Lebens auf See

- Aufnahme von Not-, Dringlichkeits- oder Sicherheitsmeldungen in englischer Sprache mit anschließender schriftlicher Übersetzung ohne Hilfsmittel ins Deutsche (siehe 27 Seefunktexte).
- Abgabe von Not-, Dringlichkeits- oder Sicherheitsmeldungen in englischer Sprache nach schriftlicher Übersetzung eines Textes in deutscher Sprache unter Anwendung des internationalen phonetischen Alphabets und der allgemein gebräuchlichen Abkürzungen und Redewendungen in der Seefahrt.

Anforderungen an die praktische Prüfung

Praktische Kenntnisse / Fähigkeiten für das Bedienen einer UKW-Seefunkstelle

- Kanäle, Überwachung
- Bedienung
- DSC
- Sprechfunk
- Sendeleistung

Digitaler Selektivruf (DSC)

Anrufkategorien und Rangfolgen:

- Not (Distress)
- Dringlichkeit (Urgency)
- Sicherheit (Safety)
- Routine (Routine)

Digitaler Selektivruf (DSC)

Auswahl des Anrufformats:

- Notalarm (Distress)
- Anruf „An alle Funkstellen"
- Einzelanruf
- Gruppenruf

Rufnummernauswahl anhand des MMSI-Nummernsystems

- Landeskenner (MID)
- Gruppenrufnummern
- Rufnummern der Küstenfunkstellen
- Rufnummern der Seefunkstellen

Bedienung des DSC-Controllers und Funktionskontrolle

Verkehrsabwicklung per Sprechfunk, teilweise in Kombination mit digitalem Selektivruf. Not-, Dringlichkeits- und Sicherheitsverkehr im GMDSS in englischer Sprache

- DSC-Notalarm und Senden eines Notalarms per Sprechfunk
- Weiterleitung eines Notalarms
- Aussenden eines Notalarms durch eine Funkstelle, die sich nicht selbst in Not befindet (Weiterleitung)
- Empfang und Bestätigung eines DSC-Notalarms (Verfahren)
- Empfang und Bestätigung durch eine Seefunkstelle
- Abwicklung des Notverkehrs per Sprechfunk
- Speicherabfrage
- Aufhebung eines Fehlalarms
- Funkverkehr vor Ort
- Beenden des Notverkehrs
- Funkstille gebieten

Dringlichkeits- und Sicherheitsverkehr

- Verfahren für Dringlichkeits- und Sicherheitsanrufe per DSC
- Dringlichkeitsverkehr und Sicherheitsverkehr per Sprechfunk

Not-, Dringlichkeits- und Sicherheitsverkehr mit Schiffen, die nur Sprechfunk benutzen, in englischer Sprache

- Abwicklung des Notverkehrs
- Abwicklung des Dringlichkeits- und des Sicherheitsverkehrs

Weitere Kenntnisse über Betriebsverfahren für die allgemeine Telekommunikation. Praktische Kenntnisse im öffentlichen und nicht öffentlichen Seefunkdienst

- Verkehr mit Küstenfunkstellen mittels Sprechfunk in englischer Sprache
- Anrufen mittels DSC
- Anrufen mittels Sprechfunk
- Anfordern einer handvermittelten Verbindung
- Beendigung einer Verbindung
- Funkverkehr mit Seefunkstellen in englischer Sprache

12. Prüfungsbeschreibungen von Absolventen

Im Folgenden sind einige Prüfungsberichte zu lesen, die mir einige Kursteilnehmer aus ihren Erinnerungen nach ihrer Prüfung per Email zugesandt haben und ich mit dem Einverständnis der Kandidaten verwenden darf. Die Namen habe ich anonymisiert. Diese Berichte sind natürlich auch rein subjektiv geprägt und beschreiben neben den während der Prüfung gestellten Aufgaben auch die wahrgenommene Atmosphäre am Prüfungsort, Beschreibungen von Nebenfragen während der praktischen Prüfung und das wahrgenommene Vorgehen der Prüfer vor Ort.

Interessant dabei sind viele spezielle Fragen die in der Prüfung gestellt werden und sich in der Form aus dem Prüfungsprotokoll nicht erahnen lassen. Man kann nicht auf jede Frage vorbereitet sein, jedoch lassen sich durch diese Prüfungsbeschreibungen womöglich überraschende Fragen in der Prüfung leichter beantworten. Die in den Beschreibungen enthaltenen Rechtschreibfehler habe ich nicht korrigiert.

Hallo Ingmar, habe heute die SRC-Prüfung erfolgreich bestanden. Nochmal herzlichen Dank für die sehr gute Vorbereitung, Script, Praxisstunden und Geduld!

Die schriftlichen Prüfungsteile liefen erwartungsgemäß ab. Leider konnte ich nicht sehen, wie und ob die Prüfer die Lösung der Aufgaben bewerteten. Dass die Prüfer aber sehr pragmatisch eingestellt waren, konnte ich bei der Geräteprüfung feststellen. Nachdem ich einen Wassereinbruch und verletzte Personen als Dringlichkeit eingestuft hatte, herrschte kurz Stille. Ich erklärte, dass ja nicht um sofortige Hilfe gebeten und keine lebensbedrohlichen Verletzungen beklagt wurden. Schließlich sinke das Schiff auch nicht, sei halt nur leckgeschlagen. Die Erläuterung fand der Prüfer toll, da ich nicht reflexartig einen Notfall unterstellt hatte. Nun sollte ich doch von einem Notfall ausgehen. Es folgten Absetzen und Beendigung der Notmeldung. Übrigens, die Koordinaten im DSC-Controller waren auf irgendeine Position im Pazifik eingegeben (179° E). Ich sollte nun die richtige Zeit einstellen. Nach meiner Bemerkung, die Position befinde sich doch auf der anderen Seite des Globus, hatte ich den Prüfer endgültig gewonnen. Ich war wohl der Erste, dem das aufgefallen war. Er verzichtet dann auch auf weitere Einstellungen, noch einmal Funkstille gebieten - fertig!

Vielleich hilft die Schilderung ja anderen Prüflingen. Ich habe vor, die Segelei nun etwas regelmäßiger zu betreiben.
Viele Grüße M.

Hallo Ingmar,
die Prüfung heute war eine echte Massenveranstaltung. Wir saßen eng an eng, die Atmosphäre war gut und es wurde reichlich geschummelt. Alle Funk-Prüflinge saßen beieinander und zunächst wurde der englische Text diktiert. Angesichts der vielen Menschen habe ich mich mit dem schriftlichen Teil beeilt, damit ich für die praktische Funkprüfung nicht so lange warten muss. Der Prüfer war nett und nach 5-10 Minuten war ich wieder draußen. Ich hatte aus Aufregung zum Beispiel vergessen, wie man auf Küstenfunk umschaltet obwohl ich es eigentlich ganz genau weiß und kam in dem Moment auch nicht darauf, habe aber gesagt, dass ich erst umschalten muss. Das hat ihm schon gereicht und er hat es für mich getan. Mehrmals habe ich mich vertan und immer mit „I correct“ verbessert. Das war wirklich ein guter Tipp.
Vielen Dank noch mal und herzliche Grüße, P.

Hallo Herr Neumann

Ich habe heute bestanden. Die Durchfallquote war aber gar nicht so gering, ich schätze im mündlichen etwa ein Viertel. In der Regel lag es wohl daran, dass die Kandidaten die Algorithmen nicht richtig gelernt hatten. Teilnehmer von anderen Schulen hatten wohl auch Probleme mit der Menüstruktur des DSC-Kontrollers und haben sich da verhaspelt.

Ich selbst war auch sehr nervös. Im mündlichen Teil habe ich bis fast ganz zum Schluss gewartet und wie erhofft war der Prüfer etwas ermüdet.

Im UKW-Teil war ein Notfall abzuwickeln und der Notalarm war dann wieder aufzuheben. Nach Auskunft des Prüfers hatten einige Kandidaten Probleme, das von der Rücknahme eines Fehlalarms zu trennen. Hier war das Menü auch irgendwie verstellt und man musste erst einmal mächtig durch das Menü scrollen. Die beiden Geräte standen genau anders herum als bei Ihnen (der DSC-Controller war rechts).

Die Zeitzonen wurden noch besprochen, und das Gerät stand am Anfang natürlich auf Binnenfunk. Ich danke sehr. Ich fand Ihren Kurs wirklich optimal.

Viele Grüße, M

Einen schönen guten Abend, lieber Herr Neumann,
um es gleich vorweg zu nehmen, die Prüfungen sind gut gelaufen - alles bestanden. Gut dass mir die Fehler vorher bei Ihnen im Kurs passiert sind. Da prägt man sich diese besser ein und macht sie kein zweites Mal.
Zur Prüfung selbst ist zu sagen, dass die Theorie kein Problem war, sofern man gut sich vorbereitet hat. Sicher hören Sie es nicht zu ersten Mal: Das Lernen kann einem keiner abnehmen. Man muß halt die Prüfungsbögen immer wieder durchgehen.
In der praktischen Prüfung hatte ich den Eindruck, dass hier einige das "Klassenziel" nicht erreicht haben. War eine nicht unerhebliche nervliche Belastung, wenn bedrückte Gesichter den Raum verließen, um sich schnell und wortlos aus dem Staub zu machen. Bevor wir dran waren sagte der Prüfer: "Jetzt reichts, ich brauch erst einmal einen Kaffee." In der Prüfung selbst war er aber ganz o.k. Wir Beiden mussten parallel die Funkaufgaben lösen. Dazwischen stellte er noch ein paar Prüfungsfragen. Auf Anfrage meinte er, hier sei es wie im richtigen Leben, an Bord laufen auch viele Dinge parallel ab. Recht hat er.
Prima war Ihr Tip in Zweifelsfällen den Prüfer anzusprechen. Habe bei der Unterbrechung zur Absetzung des Funkspruches gesagt, ich fahre an der unterbrochenen Stelle fort, ist das i.O.; er hat das bejaht und es gab es keine Probleme.
In SRC kam DSC-Notruf, Bestätigung Empfang eines Notrufes, Weiterleitung eines Notrufes und Aufhebung eines Notrufverkehrs dran. Im UBI brauchte ich nur einen Routineruf abzusetzen.
Dann war die Prüfung vorbei (rd. 20 bis 25 Min.).
Abschließend noch einmal ganz herzlichen Dank für Ihre gute und umfassende Vorbereitung. Da die Prüfung meines Erachtens kein "Selbstläufer" ist, weiß ich Ihre Hinweise jetzt sehr gut einzuordnen. So werde ich Sie weiterhin gern als gute Ausbildungsadresse weiterempfehlen und verbleibe bis zum nächsten Mal
mit besten Grüßen
G.

Hallo Ingmar,
habe soeben SRC/UBI bestanden. Es ging superschnell, die Praxis wurde noch schnell vor der

Theorie in 5 min durchgezogen, 12:00 fing das Schreiben an und um 12:45 hatte ich schon beide Scheine.

In der Funkübung war einmal Notruf per DSC und Sprechfunk sowie Notverkehr beenden dran, dann noch ein Binnen-Notruf, das war's.

Alle Papiere (SRC, UBI, Diktat und Übersetzung) wurden zusammen in nicht mal einer Minute korrigiert (wenn man das so nennen kann). Danke für die gute Vorbereitung und die Schulung in netter Atmosphäre! Wenn ich irgendwann mal Kat oder SKS machen will melde ich mich bestimmt wieder.

Grüße aus Kreuzberg,
J.

Hallo Ingmar,

die Prüfung ist gelungen! Nachfolgend einige Hinweise zur Prüfung, die vielleicht für Deine Schüler/innen von Interesse sind:

1. Prüfungsablauf/Schriftlicher Teil
Die einzelnen Prüfungsteile wurden nicht streng chronologisch, sondern eher parallel und spontan abgearbeitet. Nach der Verteilung des Fragebogens und je eines Formblatts für den ins Englische zu übersetzenden Text sowie für die Aufnahme des Diktats begann die Prüfung ohne konkrete Zeitvorgabe. Bereits nach wenigen Minuten wurde mit der Aufforderung unterbrochen, zu Stift und Diktat-Formblatt zu greifen. Das Diktat in Englisch erfolgte zügig und wurde nicht wiederholt. Anschließend widmete man sich wieder dem Fragebogen und dem Übersetzungstext. Während der Bearbeitung haben sich die beiden Prüfer des praktischen Teils nacheinander jeweils einen Prüfling "gegriffen", um in zwei getrennten Räumen die Prüfung am Gerät durchzuführen (also ein Prüfer, ein Prüfling, ein Gerät). Nach Abschluss dieses Teils konnte die unterbrochene Bearbeitung in Ruhe fortgesetzt und abgeschlossen werden.

2. Praktischer Teil am Gerät Dieser Teil fand in ausgesprochen angenehmer Atmosphäre statt; ich hatte den Eindruck, dass der Prüfer nicht nur "abprüfen" wollte, sondern auch in dieser Situation noch um einen Lernerfolg beim Prüfling bemüht war. Konkret wurde mir ein Fall vorgelegt (Notfall), der zunächst einzuordnen, sodann am Gerät zu editieren und schließlich als Funkspruch abzusetzen war. (Anmerkung: Der Funkspruch sollte extrem langsam gesprochen werden; dies war dem Prüfer unter Hinweis darauf, dass im Ernstfall u. U. nur einmal gefunkt werden kann und den aufnehmenden Stationen die Chance zur vollständigen Erfassung gegeben werden sollte, wichtig.). Danach war die Beendigung eines Notfalls auf dem eigenen Schiff durchzugeben sowie abschließend die Einleitung einer Dringlichkeitsmeldung. Dieser Prüfungsteil dauerte nicht mehr als 5 Minuten.
Insgesamt kann man bei gründlicher Vorbereitung ganz entspannt in die Prüfung gehen.

Gruß
U.

Hallo Herr Neumann,
ich hatte am vergangenen Freitag meine SRC Prüfung .
Es war eigentlich ganz nett. Fast 40 Prüflinge bei gut über 20° C führte dazu, dass auch die Prüfer recht schnell fertig werden wollten.
Da ich mit der Theorie sehr schnell durch war, durfte ich gleich als Zweiter an das Funkgerät. Hier war ich etwas verwundert, da ich nur zwei relativ einfache Aufgaben bekommen habe.
1) Aufheben Fehlalarm

2) Weiterleiten Notruf (Rote Raketen gesichtet), DSC Meldung + Funkspruch
Als ich auch hier nach nicht einmal 10 Min. fertig war und aufgefordert wurde, draußen zu warten, hatte ich kurze Bedenken, ob ich mir einen kapitalen Schnitzer geleistet habe ...
Alles in Allem hatte ich nach knapp 90Min. dann den Schein in der Hand. Vielen Dank für die Qualifizierung durch Sie und einen guten Start in die Saison.
Beste Grüße
P.

Hallo Ingmar,
Hier ein kurzer Bericht über die SRC-Prüfung.
Lässig haben wir dank Deiner geduldig und prüfungsrelevanten Ausbildung die Prüfung bestanden.
Perfekt organisiert wurden zirka 100 Teilnehmer, die unterschiedliche Zeugnisse erwerben wollten von 4 oder 5 Prüfern getestet. Zirka 40 Teilnehmer hatten sich zur SRC-Prüfung angemeldet. Der Chef der Prüfungskommission verteilte die Prüfungsbögen und diktierte in unerhörter Geschwindigkeit ohne Wiederholungen den englischen Text, den es zu übersetzen galt. Wir saßen sehr eng und konnten dem Nachbarn helfen, den kompletten Text zu Papier zu bringen und zu übersetzen. Hatte man die Fragen und Antworten fleißig gepaukt, gab es keine Probleme, den Fragebogen zügig auszufüllen. Bei der praktischen Prüfung an den Funkgeräten musste man Geduld haben und warten, denn immer nur zwei Prüflinge wurden alle 15 bis 20 Minuten aufgerufen, den praktischen Teil an zwei Funkgeräten zu absolvieren.
Die richtige Einstellung der Funkgeräte sollte man besser nicht kontrollieren, denn mit dem Betätigen der Rauschsperre wurde man heftig belehrt, dass diese Geräte kein Spielzeug sind und bereits optimal eingestellt sind. Trotz seiner zerrütteten Nerven war der Prüfer wohlwollend und gab meinem Gegenüber an dem Funkgerät mehrere Chancen, fehlerhaften Sprechfunk zu korrigieren und die Prüfung zu bestehen. Anschließend rannte der Prüfer aufs Klo und die weiteren Prüfungen verzögerten sich ein bisschen. Hoffentlich geht es ihm wieder gut.
Nach drei Stunden saßen wir wieder im Auto und fuhren gemütlich, entspannt nach Hause.
Viele Grüße,
K.

Lieber Ingmar Neumann,
hiermit gebe ich Kund, dass ich die Prüfungen zum SRC und UBI bestanden habe. Pünktlich um 09.00 UTC (= 10.00 LT) wurde ein englischer Text diktiert, der ins Deutsche zu übersetzen war. Der ausgehändigte deutsche Text war für jeden Prüfling auf einem mit seinem Namen maschinell beschrifteten Blatt gedruckt, so dass davon auszugehen ist, dass jeder einen anderen Text aus der Liste der 27 bekam (ich hatte Nr. 26). Auch die Bögen der 30 SRC- und der 16 UBI-Fragen waren jeweils verschieden. Dank guter Vorbereitung - hier weise ich besonders auf den sehr hilfreichen Internet-Nautik-Trainer hin - war der schriftliche Teil schon nach einer Stunde erledigt. Jetzt hieß es Warten - weniger auf die Auswertung - mehr auf die praktische Prüfung an den Geräten. Neben den Kandidaten unserer Schule gab es noch mindestens 10 andere. Nachdem unser Solist (der nur auf SRC geprüft wurde), bestanden hatte, kam unser zweiter Kandidat - zusammen mit einem Fremden an die Reihe. Bestürzung kam auf, als Letzterer (der Fremde) dann durchgefallen war, da er - wie mir der bekannte Kollege (er hat bestanden) dann mitteilte - einen gravierenden Fehler zweinmal gemacht hatte.

Da ich noch eine weitere halbe Stunde zu warten hatte, stieg der Blutdruck weiter! Um es abzukürzen: der Prüfer verlangte von mir zunächst das Absetzen eines Notrufs per DSC und Funk, den mein Mitprüfling annehmen musste. Ich beendete dann den Notverkehr (natürlich hatte ich wieder das 3 x All stations vergessen, was mir selbst aber sofort auffiel). Der Mitprüfling musste noch einen Notfehlalarm aufheben; er wurde noch gefragt, wie er denn zu den Arbeitskanäle von

Kiel Radio kommen könne. Mich fragte der Prüfer, was zu tun sei, wenn ich Kiel Radio anrufen wolle und mir mangels Unterlagen die Arbeitskanäle nicht bekannt seien. Da wir den Prüfer, den ich als fair einzuschätzen, zufriedenstellen konnten, war der SRC für uns gewonnen. Für den UBI musste ich nur noch eine Notmeldung absetzen, dann war auch das erledigt.
Für nachfolgende Kandidaten folgende HINWEISE: Alpha und Oskar (muss man bis Zulu draufhaben) sind die verschiedenen Funksprüche, sie müssen "sitzen", sonst kann man eigene Fehler (die auch wegen der Aufregung immer wieder passieren) nicht erkennen und korrigieren; der Prüfer hilft nicht dabei. Auch mit der Handhabung der Geräte muss man sich unbedingt auskennen, denn der Prüfer schaut einem über die Schulter beim "eintippen". Der unsrige legte zwar keinen Wert aufs "SQL-Drehen", aber bei anderen mag auch das als Fehler gelten. Ansonsten: RUHE bewahren: die Aufgabenstellung genau lesen bzw. dem Prüfer zuhören: Was will er jetzt hören?! Dann besonnen loslegen. VIEL ERFOLG!
Mit Dank, Weiterempfehlung und freundlichem Gruß verbleibe ich als nunmehr mit 5 Scheinen gesegneter
B.

SRC/UBI Prüfung.
Anfahrt und Parken wie angekündigt, es waren viele Probanden da.
Es war schon ordentlich organisiert. Zettel mit dem Namen der Prüfung lagen aus, so waren vier beieinanderstehende Tische mit „Funk“ gekennzeichnet. Pünktlich 5 vor 10 brachte der Vorsitzende des Prüfungsausschusses schon mal Ordnung in die Sache, indem die Hälfte der SBF-Prüflinge mit namentlichem Aufruf zur Praxisprüfung an den „Strand“ geschickt wurde.
Unsere Prüfung begann recht entspannt mit dem Austeilen der vier Prüfungsbögen (UBI-Fragen, SRC-Fragen, Diktatübung und Übersetzungstext für dt.-engl.). Gleich zu Beginn wurde der Diktatteil erledigt. Mit dem Text Nr. 21 , zumal langsam und mit satzweiser Wiederholung vorgetragen, sicher eine lösbare Aufgabe. Da ich die meiste Angst vor dem sprachlichen Teil hatte, nahm ich mir auch gleich die Übersetzung dt.-engl. vor. Mit großer Freude fand ich den Text Nr. 3, den ich fast ohne das Lesen der Aufgabenstellung reproduzieren konnte (Wovor man Angst hat, dass übt man am meisten).
Die beiden Fragebögen haben zwar im Vorfeld der Prüfung einigen Lernaufwand erfordert, doch wird man dadurch gezwungen, sich neben der Musterlösung ein wenig mit den Themen auseinander zu setzen. Wenn ich so in die Runde schaute hatte eigentlich kaum einer Probleme da die 80 % zu schaffen. Kurz nach 11.oo Uhr waren dann fast alle mit dem Papierkram fertig und warteten im Flur auf den Aufruf zum Praxisteil.
Zu Zweit wurden wir geprüft. Jeder hatte einen Sachverhalt vor sich und musste angeben, welche Nachricht daraus erwächst (Notmeldung) und diese auf dem Controller editieren. Dann wurden die Nachrichten im Sprechfunk abgesetzt bzw. bestätigt. Auf die Bedienung des Gerätes wurde zumindest in unserem Fall kein Wert gelegt. Meine Bemühungen, die Rauschsperre zu betätigen, was mir nach dem Aufdrehen des Volumenreglers auch gelang, wurden vom Prüfer so kommentiert „an den Knöpfen könnt Ihr in der Praxis drehen, hier macht das zu viel Krach“ und er möchte nur die Meldungen hören (ohne „Repeat position“). Mein Mitprüfling (von einem anderen Ausbilder) war leider so aufgeregt, dass er die Beendigung des Notverkehrs überhaupt nicht hin bekam und versuchte, mit Positionsangabe, Uhrzeit + Datum, Name des Skippers u.ä. all sein Wissen in die eine Meldung zu packen. Der Prüfer meinte, heute sollte es also nicht sein und versuchte so freundlich wie möglich den Probanden hinaus zu schicken. Dadurch musste ich nur noch eine Dringlichkeitsmeldung editieren und absetzen und schon ging es zum Teil Binnen. Nach einer ruhig und langsam vorgetragenen Notmeldung bekam ich sodann gleich beide Scheine vorgelegt. Wenn es vorbei ist, scheint alles einfach. Ganz ohne lernen und üben geht es - zumindest bei mir um ruhig zu bleiben - aber auch nicht. Insofern waren die Ausbildung und auch die Entscheidung, nicht noch einen Monat zu warten, voll in Ordnung.

Hallo Ingmar,
die Prüfung SRC+UBI heute hat gut geklappt. Danke noch mal für die gute Vorbereitung. In der praktischen Prüfung kamen dran:

SRC:
Notruf absetzen DSC + Sprechfunk, und erklären, welches das relevante Notmerkmal war (Feuer + Schiff verlassen, hier: Schiff verlassen), Erläuterungen geben, was passiert, wenn Bremen Rescue nicht antwortet. Der Prüfer wollte darauf hinaus, dass nur Schiffe bestätigen dürfen, die auch helfen können. Es hat einen Moment gedauert, bis ich das begriffen hatte.
Notverkehr beenden (Silence Fini, dies hatte ich doch tatsächlich im ersten Anlauf vergessen)
Dringlichkeitsmeldung (DSC + Sprechfunk): Ruder gebrochen, benötige Schlepphilfe

UTC - MEZ - Umrechnung kam auch dran

UBI:
Nur eine Notrufmeldung absetzen: Schiff brennt, bei Rheinkilometer xxx Insgesamt freundlich, und "fehlertoleranter" als ich es gedacht hatte.
Viele Grüße von K.

Hallo Ingmar,

Prüfung lief lupenrein, vielen Dank für die super Vorbereitung !

Ablauf:
Theorie: wie bekannt
Praxis: 4 Übungen (man hat jeweils 2 Versuche),
Einzelprüfung (ein Prüfer + ein Kandidat)
1. Aussenden einer Notmeldung (DSC + Sprechfunk) // fire in engine room, abandon the vessel
2. Beendigung Notverkehr // vom Schiff aus, das die Notmeldung sendete
3. Aussenden einer Dringlichkeitsmeldung (DSC + Sprechfunk) // rudder broken
4. Antwort auf Dringlichkeit // tug assistance
zu den Übungen wurden vom Prüfer Fragen eingestreut: ...
warum handelt es um eine Notmeldung, ... wer darf Notmeldung bestätigen,...
Zeitangaben in UTC ... .

Hallo Ingmar,
die SRC- Prüfung habe ich dank Deiner guten Vorbereitung im Kursus ohne Schwierigkeiten bestanden. Das Diktat in englischer Sprache für die deutsche Übersetzung war eine Wettervorhersage für den nördlichen Bereich Portugals, die Übersetzung vom deutschen Text ins Englische war eine Sicherheitsmeldung (Leucht und Heulboje an der Seeschifffahrtsstraße vor der englischen Küste, Licht ausgefallen, Schiffe werden gebeten, vorsichtig zu navigieren.), da ist mir doch nicht eingefallen, das Seeschifffahrtsstraße mit waterway übersetzt wird, ich habe dann sea- area geschrieben, war wohl auch in Ordnung. In der praktischen Prüfung (Notruf absetzen (nach DSC), beenden, Speicher auslesen, Routineanruf Küstenfunkstelle)habe ich dann das mayday vor all stations all stations all stations vergessen, um meinen Notruf zu beenden, das wurde mir aber nicht sehr übel genommen, der Prüfer machte mich nur darauf aufmerksam, ich zeigte mich natürlich sofort einsichtig und brauchte dann keinen zweiten Versuch. Wichtig waren dann noch die Begriffe "Handbuch zur Suche und Rettung" und das Yachtfunkhandbuch und natürlich bremen rescue bei der praktischen Prüfung.
Ich wünsche ein schönes Weihnachtsfest und einen guten Rutsch.

Viele Grüßen
W.

Hallo Herr Neumann,

alles erfolgreich überstanden! Viel kann ich den übrigen Erfahrungsberichten nicht hinzufügen. Um 10.00 Uhr war es brechend voll, es mussten erstmal weitere Stühle organisiert werden. Wir saßen an u-förmig aufgestellten Tischen, auch innen. Es begann pünktlich mit dem Verlesen der Namen, dann wurden einige Leute an die Funkgeräte geschickt und die Fragebögen verteilt. Um 1015 wurde diktiert, ein Text für alle, die Positionsangaben wurden NICHT in einzelnen Ziffern vorgelesen! Wer schummeln wollte, konnte dies ausgiebig tun. Um 1045 war ich raus aus dem stickigen Saal, im Flur davor wars noch stickiger. Unklar war, wohin ich mich jetzt zu wenden hatte, also bin ich frische Luft schnappen gegangen. Anschließend standen wir rum und warteten, dann wurde langsam klar, wo wir uns anzustellen hatten, ich wartete dort als Dritter, mit Sicherheit eine halbe Stunde. Geprüft wurde einzeln und anscheinend jeder als Prüfling A. Ich sollte den Controller editieren und anschließend eine Notmeldung gem. vorgegebener Textkarte absetzen. In der Annahme, dass „editieren“ und „absetzen“ 2 Aufgaben sind, habe ich Zeit und Koordinaten extra eingegeben, das war natürlich falsch, ich hätte fragen sollen. Richtig wäre gleich ins Distress Settings Menü zu gehen. Trotzdem wurde diese Aufgabe mit ok abgehakt. Im Sprechfunk habe ich die Positionsangabe auch nicht wiederholt und wies am Ende des Funkspruchs darauf hin. Der Prüfer meinte allerdings, das sei nicht nötig gewesen, weil die Position bereits per DSC gesendet worden sei. Danach hatte ich für mich selbst die Notmeldung zu beenden. Hier vergaß ich prompt die 3 x All Stations, wurde darauf hingewiesen, das wars: ok! Aus dem unteren Teil des Fragebogens musste ich Funkstille gebieten, Kanal wechseln und das Dringlichkeitszeichen nennen, kein Problem, erledigt! Und nun begann das große Warten, weil nur ein Prüfer die Arbeiten kontrollierte und dann nach und nach die Pappen verteilte. Zum 1200 Uhr Termin waren nur 8 Prüflinge anwesend. Die konnten auch sofort den schriftlichen Teil erledigen, aber im Gang vor dem Funkzimmer saßen mittlerweile mindestens 15 Leute auf dem Boden multipliziert mit ca. 10 Minuten……. Ich bekam gegen 1300 meine Pappe ausgehändigt und konnte endlich lostoben. Gut gemacht war ein kleines Buffet mit heißen und kalten Getränken, belegten Brötchen und mittags auch warmen Würsten, das auf Grund der langen Wartezeiten auch gut angenommen wurde.

Ich danke Ihnen für die gute Prüfungsvorbereitung und wünsche alles Gute!
A.

Hallo Ingmar,

ich habe heute die SRC- und UBI - Prüfung bestanden. Die Prüfung war für 10.00 Uhr angesetzt. Man konnte aber auch um 12.00 Uhr kommen, da es relativ voll war.
Ich habe es nicht bereut, gleich um 10.00 Uhr zu erscheinen.
Das englische Diktat wurde recht flott und in einem saumäßigen Englisch vorgetragen. Hier waren einige auf die Hilfe aus der Nachbarschaft angewiesen. Ich hatte das Glück, den Diktattext, den ich ins Deutsche übersetzen musste, auch in die entgegengesetzte Richtung zu übersetzen. Mit anderen Worten, ich hatte die Lösung vor mir liegen. Andere hatten aber andere deutsche Texte ins Englische zu übersetzen.
Einmal ging die Aufsicht auch 'raus und kündigte dies mit den Worten 'Ich hoffe, dass jetzt keiner schummelt' an.....
Zur praktischen Prüfung mussten wir uns anstellen. Es war eine Prüfstelle für SRC/UBI und eine für LRC. Hier warteten wir jeweils ca. 15 Minuten bis der Nächste an die Reihe kam. Ich wartete ca. eine Stunde und kam um 12.15 Uhr 'ran. Die letzten sind wahrscheinlich gegen 15.30 Uhr geprüft worden.
Es begann mit SRC und einem Notfall , in dem mehrere Ereignisse aufgeführt waren. 'Abandoning

the ship' war das Schwerwiegendste. Das musste ich kurz erklären und dann war der DSC-Controller einzustellen. Die Funkanlage war, wie du es schon gesagt hattest, die Doppelanlage. Bei den Positionsangaben gab es eine kleine Überraschung, da die Minutenzahl mit einer Kommastelle versehen war, also 54° 10,6'. Hier war beide Male zu runden, einmal auf, einmal ab. Mir wurde die 'Lokal Time' gegeben und ich musste sie um eine Stunde in die UTC-Zeit umrechnen. Vorher hatte ich schon gehört, dass der Prüfer Wert darauf legt, dass man tatsächlich 5 Sekunden auf den Distress-Knopf drückt. Also tat ich dies auch brav, wie gelernt.
Zusatzfrage nach dem Absenden: Wer bestätigt den Aussendung? Neben der Küstenwache war es ihm wichtig zu hören, nur die Schiffe, die auch tatsächlich Hilfe leisten können.
Beim Absetzen der Notmeldung gefiel ihm nicht, dass ich die Positionsangabe wiederholt hatte. Er meinte, auf Grund der DSC-Meldung hat ja jeder die Position. Auf meinen Hinweis, dass es ja auch Schiffe ohne DSC gibt, meinte er, dass diese dann eben noch 'mal nachfragen müssten, falls sie etwas nicht verstanden haben. Nun ja....
Ich musste dann noch einen eigenen Notalarm aufheben, was so weiter keine Probleme bereitete. Ich verhaspelte mich allerdings zweimal in der Uhrzeit. Er akzeptierte aber 'I correct' zweimal hintereinander.
Für UTC war ebenfalls ein Notfall mit einem sinkenden Schiff nach einer Kollision vorgegeben. Zunächst wieder begründen und dann die Meldung abgeben. Es stand dann auf der Karte noch unter a) eine Zusatzaufgabe 'Warnen Sie die Schifffahrt'. Hier kam es zu einem Missverständnis. Auf Grund des Wortes 'warnen', wollte ich eine weitere Meldung abschicken und zwar eine Securite-Meldung. Das war aber so nicht gemeint. Er wollte eigentlich nur noch diesen Warnsatz in die Mayday-Meldung aufgenommen haben. Dies stellte er dann selbst klar und das war es dann.

Ich hatte bestanden.
Vielen Dank für deine gute Vorbereitung, die vielen Tipps und dafür , dass wir uns gestern Abend noch einmal mit dem Kurs bei dir Treffen konnten. Das hat (mir) viel Sicherheit gegeben.

Einen lieben Gruß
P.

Hallo Ingmar,

vielen Dank noch einmal für die tolle Vorbereitung!

ich haben am Samstag (ab 10 Uhr) erfolgreich den UBI- und den SRC-Schein bestanden. Die anderen kamen erst zu um 12 Uhr; da kenne ich die Ergebnisse nicht. Wie versprochen folgen nun ein paar Ausführungen, was so bei den Prüfungen los war.

Theorie:
Hier wurden für SRC verschiedene Bögen verteilt. Beim UBI-Ergänzungsbogen haben alle Prüflinge den gleichen bekommen (nur 16 Fragen). Da war es von Vorteil, wenn man neben einem "Gleichgesinnten" saß (viele LRC-Prüflinge). Nach Austeilen erfolgte sofort das englische Textdiktat eines der 27 Seefunktexte. Dieser wurde langsam vorgelesen und noch einmal wiederholt. Nach bitten eines Teilnehmers dann sogar noch einmal. Der zu übersetzende Text (deutsch - englisch) war bei uns drei Teilnehmern ebenfalls jeweils einer aus den 27 Seefunktexten.

Praxis:
Hier hieß es anstellen. Jeder Prüfling, der fertig war, berichtete. Die Prüfung an sich dauerte jeweils ca. 15 Minuten. Folgende wichtige Eckpunkte waren bei uns zu beachten.
1. Unbedingt im Rahmen eines Notfalls per DSC nach Positionsangabe und Uhrzeit 5 Sekunden den roten Knopf drücken bis der Alarm auslöst. Da war der Prüfer bei einem Vorgänger sehr streng und monierte dies.
2. Während der DSC-Alarmierung kam die Frage, wer diesen bestätigen kann. Da ich komplett

"digital" denkend war, sagte ich, dass dies nur die Küstenfunkstellen bestätigen können. Der Prüfer: "Falsch!". Ich fing an, dass Seefunkstellen nicht digital bestätigen können. Danach sagte ich noch, dass nach angemessener Zeit auch Schiffsfunkstellen per Sprechfunk bestätigen können. Der Prüfer war damit noch nicht vollständig zufrieden. Dann viel mir zum Glück noch ein, dass nur der sich melden darf, der auch Hilfe leisten kann. Danach war ich sein "Musterschüler".
3. Im Binnenbereich wurde darauf geachtet, dass zusätzlich zum vorgegebenen Fall/Text die Schifffahrt gewarnt wird. Mein Boot sank und ich sollte reagieren. Notfallmeldung mit Positionsangabe, Grund und Hilfeanforderung. Zusätzlich hätte man noch die Schifffahrt warnen sollen. Da ich aber sein "Musterschüler" war, nahm er mir es nicht krumm.

Freundliche Grüße und bis bald vielleicht

T.

Hallo Ingmar,

Der Saal war voll, geschätzte Anwesende ca. 100 Leute und mehr. Teilnehmer waren sowohl die, die den Bootsschein gemacht haben, wie auch die „Funker".
Zur Sache: Du hast einen guten Job gemacht. Im Nachhinein kann ich sagen, dass es der richtige und nötige Aufwand gewesen ist. Ich habe mich sicher gefühlt. Wer sich vorbereitet, wird die Fragen beantworten können. 2 Fragebögen, wobei der aus dem Bereich Binnen genau so lang schien, wie der von SRC. Im Gespräch mit einem Teilnehmer, den ich kannte und der anderswo seinen Kurs absolviert hat, konnte ich vergleichend ebenfalls feststellen, dass meine Vorbereitung die bessere war. Gut war auch unser Treffen am Vorabend der Prüfung, als wir noch mal die Meldungen verbunden mit der Arbeit am Gerät durchgegangen sind. Die Zeit sollte für jeden da sein, wenn sie aus anderen Gründen nicht ausreichend ist.
Als einer der älteren Teilnehmer (ich bin 66) war es für mich noch mal eine Herausforderung, die ich locker dank Deiner Arbeit bewältigt habe. Dafür gratuliere ich Dir.
Bleib gesund und immer „ eine Handbreit Wasser..."

P.

Prüfungsbericht / SRC + Ubi
Eine Menge Leute wollten am Samstag Morgen alle möglichen Scheine machen. Gegen 10:00 begann der Einlass je nach Prüfung. Die Funker kamen zum Schluss dran. Nun stellte sich heraus, dass mehr Prüflinge angemeldet, als Plätze vorhanden waren, da einige Segelschulen absprachewidrig ihre Prüflinge auch zu 10:00 statt zu 11:00 oder 12:00 bestellt hatten. Drei von uns und ich wurden auf 11:00 vertröstet und mussten warten. Es war in Hangelsberg leider nicht möglich, vor 11:00 einen Kaffee zu bekommen. Um 11:00 ging es dann endlich los. Allerdings waren wohl nicht alle Anmeldungen angekommen, so dass einem Mitprüfling erstmal gesagt wurde, er könne gleich wieder nach Hause fahren. Er bekam dann jedoch die Aufgabe, Prüfungsbögen im Vereinslokal nebenan zu kopieren und konnte dann doch teilnehmen.

Wir saßen dann in einem großen Raum mit ca. 50 Prüflingen zu viert an einem Tisch und bekamen jeweils unterschiedliche SRC und UBI Fragebögen. Die beiden Blätter für SRC-Diktat und Übersetzung wurden kommentarlos gleich mit verteilt. Der Prüfer hat dann nach ca. 25 Minuten am Tisch einen englischen Text vorgelesen, sich beim Diktat jedoch nicht mit Satzzeichen wie stop oder end of message aufgehalten. Nachdem der Prüfer sich wieder hinter seinen Tresen (Kommandobrücke?) verzogen hatte, konnte bei Bedarf problemlos der Diktattext beim Nachbarn abgeglichen werden, was aber eigentlich gar nicht notwendig war. Bei der Übersetzung deutsch-englisch hatte ich einen ähnlichen Text wie im Diktat, so dass ich die Formulierungen praktischerweise gleich übernehmen konnte. Die anderen hatten es nicht ganz so leicht. Der Aufsicht führende Prüfer bat mehrmals lautstark um Ruhe und warnte vor Täuschungsversuchen, wobei er drohend in die Runde schaute (Rauhe Schale! Der weiche Kern kam erst später). Tatsächlich konnte ich dann jedoch meine Theorielücken mit Hilfe meines gut vorbereiteten Nachbarn schließen.

Dann war wieder warten angesagt. Der Cappucino im Vereinslokal war scheußlich! Anschließend fand man sich in einer langen Schlange für die praktische SRC+UBI-Prüfung wieder. Die Prüfungen dauerten im Schnitt etwa 20 Minuten. Je weiter man in der Schlange vorrückte, desto mehr konnte man in die gerade stattfindende Prüfung reinhören. Einige wenige sind in der praktischen Funkprüfung durchgefallen. Wie angekündigt konnte man zwischen den beiden Funkgeräten wählen. Es ging mit SRC los, ich hätte jedoch auf Wunsch auch mit UBI beginnen können. Ich bekam ein Kärtchen mit der Aufgabe auf Englisch (abandoning the vessel = Notfall) und sollte dann loslegen. Nicht bei mir, aber bei anderen musste zunächst das Funkgerät von Binnenfunk auf Küstenfunk umgestellt werden. Dann war dem Prüfer bei der UTC-Eingabe die Umrechnung von Bordzeit auf UTC wichtig (Meine Position war 003 ° E, so dass Bordzeit = UTC war. Andere mussten bei Position 174 ° E erkennen, dass ein Unterschied von 12 Stunden besteht). Dem Prüfer war wichtig, dass bei der Notfallmeldung der DSC tatsächlich gesendet und vor dem Sprechfunk der Squelsh-Regler bedient wurde. Zusatzfrage: Was passiert, wenn niemand den Norruf bestätigt bzw. was zeigt das Display an? Es ging ihm darum, dass der Notruf automatisch regelmäßig wiederholt wird, bis er bestätigt oder mit der Clear-Taste gelöscht wird. Nach absetzen der Nofall-Meldung wollte er wissen, wie man Funkstille gebietet: all stations seelonce mayday!

Dann musste ich als Havarist den Notfall selbst beenden, da ich mir selbst helfen konnte (Also kein Fehlarlarm!). Ich habe sogar an 3 x all stations gedacht, was vorher so oft schief gegangen war! Damit war ich fehlerfrei durch SRC durch. Bei anderen wollte er "correction" statt "I correct" hören. Dann bekam ich eine Karte mit einer UBI Aufgabe (Das eigene Schiff treibt auf dem Rhein oder so ähnlich = Dringlichkeit / Danach noch ein Notfall). Nun musste das Funkgerät auf Binnenfunk umgestellt werde. Zunächst sollte ich die Dringlichkeitsmeldung absetzen, hatte jedoch Probleme von englisch auf Deutsch umzuschalten und sagte im ersten Versuch 3 x "all stations" statt "Schiffsfunkstelle". Auch im zweiten Versuch baute ich einige englische Worte ein, was der Prüfer jedoch gnädig durchgehen ließ. Danach sollte ich sagen, an wen ich eine Notfallmeldung richten würde. Revierfunkstelle war falsch, er wollte Revierzentrale hören, worauf ich jedoch trotz Tipps vom Prüfer nicht kam. Aufgrund der fortgeschrittenen Zeit, sagte der Prüfer dann plötzlich, dass ich auch UBI bestanden hätte. Gegen 15:30 Uhr ging es dann endlich zurück nach Berlin.

Hallo Herr Neumann,
soeben habe ich die SRC-Prüfung bestanden. Hier die kurze Schilderung: Um 10.00 Uhr standen gefühlte 200 Menschen vor dem Prüfungshaus und wurden auf die Räume verteilt (SKS, SBF See, Funk-Paxis-Wiederholer, ...). Für uns etwa 50 Funkzeugnisprüflinge blieben ca. 13 Plätze übrig, d.h. schriftliche Prüfung im Schichtbetrieb.
Anschließend bildeten sich 2 immer länger werdende Schlangen vor den beiden Funkgeräteräumen. Die Prüfer waren sehr zuvorkommend und soufflierten im Bedarfsfall. Auch während der schriftlichen Prüfung konnte man mehr oder weniger unauffällig am Tisch in den Meinungsaustausch treten. Der englische Text, der zu übersetzen war, stellte auch keine hohen Ansprüche an die Sprachkenntnisse.
Mir haben die Unterlagen sehr geholfen, dafür noch einmal vielen Dank. Ich denke, damit kann man einfach nicht durch die Prüfung fallen, selbst wenn man noch so faul ist...

Viele Grüße
A.

Hallo,

bestanden!!! ... alles war so wie von dir und in den Erfahrungsberichten geschildert. Der weite Weg nach Spandau hat sich für mich gelohnt, herzlichen Dank für die gute, individuelle und kurze Schulung. Noch ein paar Worte zur Prüfung: Hinweisschilder fehlten, sodass ich der Masse folgte. Der Sprecher der Prüfer verbot jegliche Fragen, sodass erst einige Zeit später, nachdem die Sportbootleute eingeteilt waren, klar wurde, dass SRC woanders geprüft wird. Schnell in den neuen Raum, hier waren nur 10 Prüflinge (über 4 Tische verteilt) und 2 Prüfer. Nach der Identitätserfassung wurden ohne lange Vorrede die Prüfungsblätter auf den Tisch gelegt und der Prüfer verlas den englischen Text zum mitschreiben und übersetzten. Ganz schön schnell, nicht lange überlegen, sonst verliert man den Satz. Glücklicherweise wurde dann nochmal wiederholt. Ich empfand die Übersetzung als sehr einfach. Der übliche Notfall eben. Der deutsche Text ins englische war genauso einfach- Ruder kaputt, Mast gebrochen etc. Ich hatte ja Sorge vor treibenden Heulbojen im Verkehrstrennungsgebiet mit rechtsdrehenden Winden etc. Dann die 30 Fragen, ich hatte sie nicht wie du gesagt hast, 3 x durchgelesen, sondern musste doch schon die letzen 3 Tage je 3 Stunden intensiv lernen. Nach der Schriftlichen raus in den Vorraum, hier waren wieder alle Prüflinge zusammen, wieder keiner da den man fragen konnte wie es weitergeht. Also warten...., Tür auf ,Tür zu Prüfer raus und rein, dann der erste zur praktischen Funkprüfung, Dauer ca. 15 min, Reihenfolge war nicht vorgegeben. Ich kam ca. als 7. dran: Ich war froh, dass ich den netteren der beiden Prüfer erwischt hatte, denn ich war ziemlich aufgeregt. Im Raum waren die wohlbekannten Geräte aufgebaut. Ich hatte ja die Einzelgeräte gewählt (DSC und Sprechfunk getrennt) Sie waren lediglich seitenvertauscht aufgebaut (DSC rechts, Sprechfunk links) Der Prüfer stellte sich mit Namen vor, teilte mir mit welches Schiff ich habe, (Stand unten recht auf dem Holzfuß) und gab mir eine Meldung. Die war eindeutig ein Notfall (Feuer und Verletzte).Er verlangte eine Nachricht über DSC. Wie gelernt, alles eingegeben und ab. Bevor ich mit der Sprechfunkmeldung beginnen konnte, fragte er mich, was passiert, wenn ich jetzt nichts machen würde und keiner würde die Meldung bestätigen? Antwort: die DSC Anlage würde den Notruf wiederholen. Richtig! Nächste Frage: nach welcher Zeit ? Weiß ich nicht, ich werde mal schätzen: 5 min! Richtig geschätzt. Nächste Frage: Wer wird antworten? Die Küstenfunkstelle oder ein anderes Schiff was Hilfe leisten kann. Prüfer runzelt die Stirn, fragt nach: wann darf ein anderes Schiff den Notruf bestätigen? Jetzt fällt´s mir wieder ein: erst nach einer angemessenen Wartezeit! Richtig. Dann die Notmeldung über Sprechfunk so wie gelernt. Funkgerät war nicht verstellt, Seefunk und Kanal 16 waren von Anfang an so eingestellt. Dann berichtet der Prüfer, dass wir den Brand gelöscht haben, die Verletzten mit einem Pflaster versorgt wurden und keine Hilfe mehr benötigen. Er weist nochmal extra darauf hin, dass es kein Fehlalarm war, denn es hat wirklich gebrannt und die Personen waren zu dem Zeitpunkt hilfebedürftig. Ok, ich hab verstanden und melde eine Beendigung des Notverkehrs für mein Schiff. Zwischendurch musste ich noch um Silence Mayday bitten. Der Prüfer reicht mir die Hand, bestanden, ich unterschreibe das Funkzeugnis und der Nächste ist dran.
So, nächsten Freitag bin ich auf der Ostsee und werde mir das alles live anhören. Herzlichen Dank nochmal.

Euer beschränkter Funker

T.

Hallo,

habe heute meine Prüfung bestanden. War um 12.00 Uhr dran und nach 1h draußen. Wir waren 9 Leute, also sehr übersichtlich. Der größere Teil hatte um 15.00 Uhr die Prüfung.

Erst kam das Diktat und die deutsch-englische Übersetzung, dann hatte ich den Fragebogen Nr.1
.

Praktischer Teil:
einige Einstellungen am DSC-Contoller, eine Notmeldung, eine Dringlichkeitsmeldung (auf Kanal 6) , eine Beendigung (eigenes Schiff beendet!) und die jeweiligen DSC Meldungen

Ich konnte in Ruhe lesen, mein Raster im Kopf aufrufen und dann loslegen. Immer schön erzählt, was ich da so am Gerät mache...
Einen Schiffsnamen musste ich (nach Aufforderung in Englisch) buchstabieren.

Was ich nicht kannte: auf den Prüfungskarten stand z.B. 221240UTC November, da musste ich erstmal überlegen was die Zeit bzw. das Datum ist...

Die Prüfungsbögen konnte ich sehr gut auf dem Onlinetrainer (fand ich besser als die Papierversionen) üben, nach 2-3 Durchgängen sitzt der Stoff.
Die Vokabeln, das Alphabet muss man halt pauken. Aber dann helfen die Übungsaufgaben und die gesprochenen Lösungen auf der CD und bringen dann die nötige Sicherheit.

Kann über den Prüfungsort nur positives sagen, alle sehr freundlich.

Also, Vielen Dank nochmals, fühlte mich gerade im praktischen Teil gut aufgehoben und vielleicht bis zum nächsten Schein...

M.

Hallo Ingmar,
hier nun der Bericht eines Einzelkämpfers.
Als eine größere Zahl der Prüflinge mit der Theorie fertig war, wurden die ersten Beiden zum praktischen Teil gerufen. Da war ich dabei und durfte zuerst von Binnen- auf Seefunk umstellen sowie die MMSI mit MMSI-Check prüfen. Dann weiter mit einer Aufgabe zum Notfall (Person über Bord) und der Eingabe der Koordinaten und der UTC. Anschließend DISTRESS und die Meldung per Sprechfunk abgesetzt. Dabei ist zu beachten, dass die Positionsangabe anhand der Koordinaten angegeben werden soll, auch wenn eine zusätzliche (ungenauere) Positionsangabe im Text genannt ist.
Mein Mitprüfling durfte den MAYDAY entgegennehmen und mir Hilfe anbieten. Aber da ich auf Anweisung die Person selber retten konnte, habe ich dann die Situation mit SILENCE FINI auflösen können.
Das war's, alles in allem hatte ca. 45 min gedauert, von da an nur noch Warten, während nach und nach die Prüflinge zum Funken gerufen wurden. Mehr als 100min später durfte die erste Gruppe von 8 Teilnehmern zur Vergabe der Funkscheine antreten, nicht jedoch ohne das DGzRS-Spendenschiff entsprechend gewürdigt zu haben. Als jemand einen kleinen Schein in das Schiff stecken wollte, hat sich eine Dame sehr gefreut und die Ankerwinsch vorgeführt, die zum Versenken solcher Scheine dient. Das hat natürlich Eindruck gemacht.
Zusammenfassend war das ein prima Kurs mit gutem Material und toller Performance!

Vielen Dank.
Beste Grüße nach Spandau
R.
Out

Hallo Ingmar,
hier ein kleiner Bericht:

Es wurden alle Sparten geprüft und somit ein kleineres Durcheinander. Nachdem nun die Funk-

scheinanwärter auf einer Seite saßen (während andere Scheinanwärter noch auf ihre Anweisungen warteten), wurde der englische Text verlesen, der dann in das Deutsche übersetzt werden sollte. Dieser Teil der Prüfung war mehr als ein Witz.
Es kam der Text: "Gale warning för Skaggarak and Kattegat.....". Dann die zweite Übersetzung vom Deutschen ins Englische. Da gab es verschiedene Texte, aber dank meiner intensiven Vorbereitung für mich sehr einfach.
Danach warten, im Gang herumstehen. Wir Anwärter wurden einzeln hineingerufen. Meine Aufregung hielt sich sehr in Grenzen, weil ich doch sehr sicher im Ablauf der Funksprüche war. Ich bekam eine Mayday Meldung, Beendigung meiner eigenen Mayday Meldung und die Frage, wie ich eine Dringlichkeitsmeldung beginne. Danach sofort die Aussage: Bestanden. Dass ich Theorie bestehe, war mir sowieso klar.
Nach einiger Wartezeit dann die theoretische Pyroscheinprüfung. Alle Fragen konnte ich problemlos beantworten. Dann wieder warten.

Nun genieße ich es, erst einmal nicht mehr zu lernen. Seit Oktober letzten Jahres bis Mitte Februar Intensiv Englisch, dann Funkschein und Pyroschein. Vielleicht wäre es gar nicht nötig gewesen, so intensiv zu lernen, aber ich mag nicht halb vorbereitet in eine Prüfung zu gehen. Geschadet hat es auf keinen Fall.

Ich wünsche Dir eine schöne Zeit, bis ich wieder zu Euch komme.

Herzliche Grüße und vielen Dank
S.

Lieber Ingmar,

Prüfung bestanden...
Vorausgegangen war ein Mobiltelefon-Anruf am Mittwoch vom Prüfungsvorsitzenden mit dem Inhalt, dass aufgrund der vielen Prüflinge mein Prüfungsort in das vom BW-Gelände ca. 100 m entfernte Hotel ausgelagert wurde und ich bitte erst um 12.00 statt um 10.00 Uhr erscheinen möge.
Keine großartige Begrüßung. Ankündigung, dass ein Teilnehmer 10€ zu viel überwiesen hatte (Gelächter rings um mich rum... Ich lach nich/das war ich...).
Erkenntnisgewinn: Wenn ein Prüfungskandidat auf seinen Namen die doppelte Gebühr zahlt weiß der PA nicht unbedingt, für wen die Restsumme ist. Besser ist offensichtlich eine Überweisung je Person.
Drei Minuten vor 12.00 Ausgabe der Fragebögen sowie – nach namentlichem Aufruf - , die Formblätter für Diktat und Übersetzungsaufgabe. Nach zwei Minuten unterbricht der Prüfer, indem er das Diktat ankündigt und fängt auch ziemlich schnell an zu diktieren – ohne Punkt und Komma und EOM, auch in der Wiederholung nicht. Dafür wiederholt er Undines Callsign auf Nachfrage auch gerne 3x.
Da ich fleißig gelernt hatte und wg. kanadischem Schwiegersohn eh' ab und an englisch sprechen kann bereitet dieser Teil schon mal keine Probleme.
Die Prüferin holt sofort nach Abgabe der Bögen den ersten Freiwilligen zu sich. Ich versuche eine Reihenfolge zu erkennen (nach Abgabe? Nein Nach Alphabet? Nein, nur aufspringen und losgehen. Bei manchen dauert's länger, bei anderen geht es schneller.

Der Prüfer hat eine Funkbude aufgebaut. Ich setze mich ran und erkenne Kanal 16, DSC- Einstellung. Sofort setzt er sich schräg links hinter mich, fragt dabei, ob ich eins der beiden Geräte kennen würde und erklärt, dass er nicht die Absicht habe Gerätekunde zu machen (baut Druck auf!). Ich wähle die getrennte Variante. Da rechts unten auf dem Montagebrett des Funkgeräts stehen Schiffsname, Callsign, MMSI . „Lokale Uhrzeit ist jetzt 13.08: Welche UTC?“ (-2h) – „ Ihr Schiff steht unter Feuer, Sie haben es nicht unter Kontrolle, welche Art Ruf?“ (Maday, Notfall). Die (mir

unbekannte) Aufgabe hat er auf selbst gebastelten Prüfungskärtchen. Ohne durchatmen: „Was genau tun Sie jetzt am Gerät?“ (Position war schon eingegeben, nur noch UTC einstellen, ich rede darüber was ich mache. 5 sec Distress-Taste. Er bestätigt und weist an: „Sprechen Sie jetzt!“ , was ich auch zügig tue. Nachdem ich „Over“ gesagt habe ruft er: „Funkstille gebieten!“
Was ich auch umgehend und wohl zu seiner Zufriedenheit zustande bringe. Denn er sagt: „Raus. Den nächsten rein bitten. Ich ruf Sie rein zum Schein abholen.“ Was nochmal 10 min warten bedeutet.

Dauer der praktischen Prüfung: ca. 5 min. Fazit: Hart aber herzlich.
Danke für die Vorbereitung!

W.

Hallo Ingmar,

ich wollte Dir meinen Erfahrungsbericht bezüglich der gestrigen Prüfung zukommen lassen.

Ich habe alles gut bestanden und war nach nur 1 Stunde und 10 Minuten fertig. Bei mir bei der Funkprüfung waren schätzungsweise 40-50 Leute. Die meisten davon für UBI, dann noch einige für SRC, ganz wenige nur für SRC mit Ergänzung UBI. Wenige auch nur für die praktische Prüfung.

Die Prüfung ging dann los mit dem schriftlichen Test. Man musste sich melden, welche Prüfung man hat und hatte dann die Bögen ausgeteilt bekommen. Generell war sehr viel Unruhe in dem Raum und es war recht laut. Also zum Konzentrieren (oder ggf. etwas auszurechnen) war es sehr laut. Mitten während dem Ausfüllen der Fragebögen, wurde dann für die SRC-Prüfung der englische Text diktiert. Recht zügig sogar. An Ende nochmals einmal wiederholt. Der Prüfer hat sich aber selber mehrmals verheddert während des Vorlesens.... nunja :-)

Dann gab es noch einen deutschen Text zum Übersetzen. Beide von den 27 bekannten Texten, aber beides mal eher die ganz langen....

Dann ging es wieder mit den Fragebögen weiter.

Parallel dazu, wurde in einem Nebenraum die praktische Prüfung abgelegt. Dort saß eine Prüferin. Ich hatte auch die ganze Zeit gehofft, zu dieser Prüferin zu kommen, da sie eigentlich ganz sympathisch aussah. Es kam dann also zwischendurch immer wieder zu diesem lauten Signalton, wenn der Notalarm abgesendet wird... nervig, wenn das immer wieder während der Prüfung kommt.

Ich war dann zügig fertig mit allem und musste draußen in einem Warteraum Platz nehmen, da ja jetzt nur mehr die praktische Prüfung anstand. Ich hatte mich dann hingesetzt und nochmals meine Karten mit den verschiedenen Meldungen angeschaut und auch nochmals das Inmarsat-System. Keine 10 Minuten später rief mich der Prüfer auf. Da ich nicht innerhalb 5 Sekunden vor ihm stand, brüllte er nochmals meinen Namen laut in den Raum, „wo ich denn bleiben würde“.

Na bravo dachte ich mir. Jetzt muss ich auch noch die Prüfung bei dem Unsympathischen machen und alle anderen dürfen bei der Frau ....

„Setzen Sie sich dort hin, ich prüfe Sie nun. Sie haben ja 3 Prüfungen auf einmal. Ich dachte ich nehme Sie mal kurz vorher dran, damit wir das hinter uns haben und Sie nicht so lange warten müssen. Ich will ja hier auch fertig werden! Sie machen NUR DAS, was ich Ihnen sage. Alles ist eingestellt. Sie brauchen NICHTS mehr zu tun!“

Aufgabe 1: „Rechnen Sie die Lokalzeit 10:55 Uhr in UTC um, hier ist eine Position, geben Sie alles in den DSC-Controller und senden Sie einen Notalarm ab.“
Ich wollte dann schauen, ob die ganze Anlage richtig eingestellt ist, und ob auch wirklich alles auf Seefunk in dem Funkgerät eingestellt ist, da wurde ich schon wieder angefahren: „Was tun Sie denn da. Senden Sie doch einfach den DSC-Alarm ab, mehr nicht!“

Aufgabe 2: „Wie würden Sie ein Telex mit Inmarsat C schreiben?“ Ich bin also an den Computer und fing an, Inmarsat C aufzurufen und wollte nun auch da wieder alles checken, da sagte er wieder genervt: „ Zeigen Sie mir doch einfach wie Sie es machen würden und wie Sie das abschicken würden. Tippen Sie nichts ein und machen Sie auch sonst nichts. Ich hab noch andere zu prüfen!“ Also hab ich ihm erklärt, das man über New Telex das eingeben könnte und über Alt T das Ganze dann abschicken könnte. Dann sagte er: „ Aber im wahren Leben würden Sie sich schon einloggen in einen Satelliten, oder?“ Ich habe ihm dann gesagt, dass ich das schon tun würde, und habe es dann auch getan, da sagte er: „Jetzt haben Sie sich eingeloggt, jetzt müssen Sie sich auch wieder ausloggen! Machen Sie das und dann machen wir noch den Binnenfunk!“

Aufgabe 3: „Hier ist eine Notmeldung vom Binnenfunk. WARNEN Sie NUR die andere Schifffahrt. Wie würden Sie das tun?“ Ich habe ihm gesagt, wenn ich die anderen NUR WARNEN soll, dann würde ich das als Securite absetzen! „Richtig, dann machen Sie das mal“
Nun wollte ich ganz brav, wie zuvor bei Dir gelernt mit dem Squelch checken, ob die Frequenz frei ist, da wurde ich schon wieder angefahren: „ Was TUN Sie denn da? Machen Sie NUR was ich sage. Mir dröhnt sonst der Schädel heut Abend!“

So, dann waren wir durch. Keine 3 Minuten. Das Längste war das Abstempeln und Unterschreiben der Lizenz.... Aber auch da wurde ich angefahren: „Sie müssen den dokumentenechten Stift verwenden, keinen Kugelschreiber!“

Viel Spaß, auf Wiedersehen!

Ich kam mir vor wie ein kleiner Schuljunge, aber am Ende war es mir ja dann egal, da ich von allen als erster fertig war und mit geringstem Prüfungsaufwand die Prüfung beendet war...

Alle anderen wurden immer viel länger in den einzelnen Prüfungen geprüft. Also ist es vorteilhaft, alle 3 auf einmal zu machen, da für jeden Prüfling die gleiche Zeit wohl eingeplant wird, egal, ob er 1, 2 oder alle Prüfungen ablegt....

Ich hoffe, der Erfahrungsbericht hilft Dir für die nächsten Prüfungen!
Vielen Dank Dir nochmals für das Training am Freitag. Ich freu mich dann mit Dir mal mit dem Motorboot und der Segeljolle im Sommer zu üben.

Alles Gute,
D.

Hallo Ingmar
ich habe heute Morgen meine " SRC-Prüfung" abgelegt und bestanden.
Um 10:17 h ging´s mit dem Fragebogen los. Hier hat sich das "multiple-choice-bimsen" gelohnt; nach 3-4 Minuten konnte ich das Papier abgegeben und wurde dann unmittelbar vom Prüfer am DSC-Controller und dem Funkgerät getestet. Die Aufgabe bestand im Absetzen eines Notrufs über DSC und die anschließende Aussendung über Sprechfunk. Während er keinen großen Wert auf die Handhabung bzw. Einstellung des Funkgeräts legt(Einstellung der Squelch-Funktion und Sendeleistung etc.) kam es hier auf die präzise Formulierung an.
Beim DSC-Controller wurde die musste die Position und Uhrzeit nach Vorgabe eingegeben werden (Position stimmte, nur die Uhrzeit musste korrigiert werden)

und der Notruf nach den Distress settings über die DSC-Taste ausgelöst werden.
Anschließend nach einmal Funkstille gebieten, zwei kurze Fragen (UTC Zeit) und nach "Bremen Rescue" und das war es dann auch schon.
Nach kaum einer Viertelstunde war alles vorbei.

Es hört sich vielleicht etwas nach "im Spazierengehen gemacht" an, aber ohne entsprechende Vorbereitung wird im praktischen Teil schnell scheitern.
Der Kurs bei Euch war sicherlich die richtige Entscheidung, um umfassende Grundlagen zu erwerben. Dafür herzlichen Dank.
T.

Hallo Ingmar,

zunächst noch einmal vielen Dank für die gute Schulung und materialtechnische Vorbereitung für den SRC-Schein. Ich hatte am Samstag meine Prüfung.
Wichtig ist wirklich absolute Pünktlichkeit, die Begrüßung fand 10 vor 10 Uhr statt. Punkt 10 Uhr saß man im richtigen Raum mit dem richtigen Fragebogen und konnte loslegen. Ganz wichtig war der Hinweis, dass im Prinzip ohne Vorankündigung, gleich zu Beginn des Fragebogenteils das Diktat erfolgt, relativ schnell. Der Text wird auch nicht wiederholt. Hier gilt es wirklich von Anfang an konzentriert dabei zu sein.
Nach eine kurzen Wartezeit wurde man einzeln zur praktischen Prüfung geholt. Ein sehr kooperativer Prüfer nahm einem die Angst. Dank guter Schule hatte ich erst, natürlich laut kommentierend überprüft, ob der DSC eingestellt war. Ich hatte eine Notmeldung abzusetzen wegen Feuer im Schiff und anschließend zur Ruhe im Äther aufzurufen. Meine gut betonte französische Aussprache war ihm nicht wichtig; „Silence Mayday“ in Englisch oder sächsisch hätte ihm wohl auch genügt. Gelernt ist aber gelernt.
Ich hatte dann noch den Fachkundenachweis abgelegt. Nach insgesamt ca. 90 min war ich erfolgreich raus.

Fazit – Die Damen und Herren sind absolut professionell. Durch ihr ruhiges Auftreten und die perfekte Organisation schwindet die Aufregung ganz schnell. Meine Herangehensweise, nur den SRC abzulegen und den UBI nächstes Jahr gesondert in Angriff zu nehmen, war wohl nicht schlecht. Für beide Prüfungen hätte ich zeitlich bedingt, lerntechnisch echt Probleme bekommen.
Wie gesagt, absolut pünktlich sein. Das Alphabet muss sitzen (hier hatte ich meine größte Sorge, da ich das deutsche Alphabet verinnerlicht hatte und nun mit dem NATO-Alphabet meine Probleme hatte.) Zur Übung habe ich alle Autokennzeichen, an denen ich vorbei fuhr, buchstabiert. Danach war ich dann doch sicher.
Also noch einmal vielen Dank. Ich werde mich nächstes Jahr wiegesagt zum UBI bei Dir melden.
Bis dahin alles Gute aus der preußischen Provinz
J.

Hallo Herr Neumann,
wir wollten Ihnen nur kurz Bescheid geben, dass auch wir die gestrige Prüfung im UBI-Kurs bestanden haben.

Ich musste nur eine Notmeldung abgeben, dann konnte ich wieder gehen. Mein Mann musste ebenfalls eine Notmeldung abgeben und eine beenden, dann durfte auch er gehen. Vorher musste man natürlich zeigen, dass man sich mit dem Funkgerät auskennt, den richtigen Sender suchen, auf Binnenfunk stellen, kontrollieren, ob der Kanal frei ist und dann konnte man beginnen. Obwohl wir uns wirklich intensiv vorbereitet haben, war gerade das praktische ganz schön spannend. Als ich da drin saß, war plötzlich alles weg. Gerade die Mayday-Meldung konnte ich ohne

groß nachzudenken, aber dann da vor dem Funkgerät, konnte ich kaum reden. Naja, hat ja dann doch geklappt. Die Prüfer waren auch sehr nett, das hat natürlich auch geholfen, die Nervosität abzulegen.
Beim schriftlichen Teil, der vor dem Praktischen durchgeführt wurde, hab ich als erste den Bogen abgegeben. Als dann nach mir nicht gleich noch jemand abgegeben hatte, war ich mir schon fast sicher, dass ich bestimmt eine Seite übersehen hatte. Da war mir vielleicht schlecht, ich dachte schon, das war's. Als dann alle abgegeben hatten, wurden die Bögen auch gleich kontrolliert und wir bekamen Bescheid, dass alle die Theorie bestanden hatten.
Wir danken Ihnen nochmal für die gute Vorbereitung.
Vielleicht sieht man sich ja mal auf dem Wasser.
Grüße
M. T.

Hallo Herr Neumann,

hier mein Kurzbericht über den heutigen Prüfungsverlauf zur weiteren Verwendung:

Per Telefon (am Donnerstag) wurde die Prüfung von 1000 auf 1300 verlegt. (Es waren sehr viele Prüfungsteilnehmer) Auch gut, konnte so wenigsten ausschlafen. Um 1245 angekommen , ging es auch gleich unverzüglich los.

Kaum saßen alle, wurde ein englischer Text vorgelesen, der mitgeschrieben werden musste und ins Deutsche übersetzt werden musste. Es war Textmeldung 8:
Gale warning for Skagerarrak and Kattegat......
Danach eine Übersetzung (stand schon auf dem Prüfzettle) vom Deutschen ins Englische, Textmeldung 21 : Vorhersagegebiet Doggerbank....
Anschließend die 22 Fragen Theorie beantworten.
Dann erst mal eine lange Wartezeit, da wirklich sehr viele geprüft werden wollten. Selbst schuld :)
Es wurden Stühle in den Flur gestellt, sah nachher aus wie in einer Arztpraxis.
Alle hatten immer irgendeine Frage zu irgendein Thema, alle blättern dann schnell mal nach. So gingen dann auch die 1,5 Stunden Wartezeit rum. Dann hinein zur Praxis:

Bei mir war eine sehr nette Frau die Prüferin. Ich konnte mir das Gerät aussuchen. Man konnte wählen zwischen dem IC-M505 und IC-M503 mit getrennten Controller DS100. Habe das IC-M505 genommen,
da ich auch damit bei Euch gearbeitet habe. Es war schon eingeschaltet, stand, wie ich gleich gesehen habe auf ATIS. (danke für den Hinweis in der Schulung) Habe ich gleich auf Seefunk geschaltet. Mitschreiben musste ich nichts. Es gab eine Karte mit der Meldung / Text was gemacht werden musste. Die MMSI /Name/Rufzeichen standen auf dem Gerät.

Die Position war angegeben, Text: fire in superstructure not under command. Auf meine Frage nur DSC oder auch mit Sprechfunk, war die Antwort: „so wie es auf See gemacht wird".
Also erst mal klären was ist das für ein Fall ist. Da Gefahr für das Schiff und auch für die Besatzung ist es ein Nofall, sprich Mayday.
Also über Menü /Distress Setting die entsprechende Meldung gesucht, habe Explosion gewählt/dann Enter und dann ging erst mal bei mir ein kleines Problem los. Die Position vom Zettel einzugeben war nicht das Problem. Nun mal schnell Distress drücken.....
Doch die Prüferin sagte: weiter unten muss aber auch noch was eingegeben werden, ach ja, die Uhrzeit. Die stand ja nicht auf dem Zettel. Es war gerade 1425 Ortszeit! Es muss aber UTC eingegeben werden. D.h. -1h jetzt im Winter, nachdem es auch damit geklappt hatte, Enter und dann die Distress Taste 5s gedrückt.
Die Meldung kam auch an ihrem Gerät an . Frage: was ich jetzt auf meinem Gerät sehe. Ich sagte

„now waiting for ack", also warten auf positive Rückmeldung. Frage, Wer darf dann die Meldung quittieren? Meine Antwort: die Küstenfunkstelle und Schiffe nach einer Wartezeit, wenn keine Quittierung von der Küstenfunkstelle erfolgt.
Frage, Alle, wenn z.b. 50 Schiffe es gehört haben ? Nein, nur das Schiff was auch helfen kann. OK.
Jetzt kam die reguläre Sprachmeldung.
Frage: was gehört denn noch zu einer Rufmeldung ? großes Fragezeichen bei mir ? hatte doch alles gesagt? Wohl nicht, habe die MMSI vergessen! Das habe ich ihr gesagt und sie war zufrieden, ich ein bisschen nervöser.
Als nächstes musste der Notfall beendet werden. Da ich das Feuer doch noch selbst unter Kontrollen bekommen habe. Also: Mayday, all Stations, all Stations, all Stations , this is Humber / DF 3344 , 1335 UTC, Humber /DF3344, silence fini.
Als nächstes war eine Dringlichkeitsmeldung per DSC und Sprechfunk zu demonstrieren. Nur ohne Meldungsinhalt.
Damit war die Praxis SRC geschafft.
Gleich im Anschluss (ohne Pause, aber mit Nachfrage ob wir gleich weitermachen wollen) ging es zur UBI Praxis. Gleiches Schiff, gleiches Rufzeichen. Schiff war auf der Saar bei Flusskilometer 200 und war im Begriff zu sinken. Ich sollte eine entsprechende Meldung machen, und den Schiffsverkehr warnen und entsprechend Hilfe anfordern. Also: erstmal auf ATIS umstellen und 25W lassen, da Notfall !! Dann : Mayday, Mayday, Mayday, hier ist Motorschiff Humber, Humber, Humber, / DF 3344, Mayday, Humber/DF3344 , ich stehe auf der Saar, Flusskilometer 200 und drohe zu sinken. Benötige sofortige Hilfe. Warnung an die Schifffahrt in diesen Bereich. Bitte Kommen.
Frage: auf welchen Kanal ich sende? Kanal 10, war ja automatisch durch das Umstellen auf ATIS erfolgt.

Damit war die Praxis UBI erledigt.
Dann mit den unterschriebenen Zetteln gleich in den anderen Raum zur Theorie UBI. Die 10 Fragen waren dann schnell beantwortet.
Ich durfte gleich warten, dann wurden mir beide Scheine mit einem Glückwunsch zur bestandenen Prüfung verliehen. Um 1500 war dann alles erledigt.

Prüfer/innen: Lob, alle waren sehr nett, keine pingeligen , wenn bei der Praxis mal etwas nicht so klappte. Man merkte, die kommen aus der Praxis.

Mit freundlichen Grüßen
B.

Hallo Ingmar,
hab's geschafft, 1100UTC march 09th hatte ich den "Lappen" in der Hand. Vielen Dank nochmal für das präzise Material und den effektiven Kurs.
Jetzt ein paar Hinweise für zukünftige Prüfungsteilnehmer SRC aus meiner Erfahrung. Wie andere Prüflinge schon berichtet hatten, geht es beim Prüfungsausschuss hart (und auch etwas herzlich) zu. Klar die Kreuzelfragen und Abläufe der Funksprüche müssen sitzen, hatte Kollision mit Fischereifahrzeug, Wassereinbruch und Schiff sinkt. Notruf DSC, Distress, Ship is sinking. Danach über Sprechfunk: Notruf, Funkstille gebieten, Notruf beenden. Zu Beginn die üblichen Einstellungen am DSC-Controller. Aber... das Diktat in Englisch am Anfang... das war mal wieder mit ungeheurer Geschwindigkeit in den Raum geworfen, keine Wiederholungen, keine Buchstabierungen usw. Zum Glück war ich durch diese Berichte vorgewarnt und konnte diese Erfahrungen am Samstag vor der Prüfung an andere weitergeben. Also die 27 Seefunktexte sollte man fast auswendig können. So viel wie möglich erstmal abkürzen und sich auf die wichtigen Dinge wie Daten, Kurse, Koordinaten, Windrichtungen usw. konzentrieren. Rechtschreibung scheint keine

Rolle zu spielen. Allerdings konnte man sich recht gut austauschen, weil es im Raum etwas unruhig war und wir sehr dicht bei einander saßen.
Immer zwei handbreit Wasser unter'm Kiel.
Die besten Grüße R.

Lieber Ingmar,

hier mein Kurzbericht von der (bestandenen) Prüfung.

1. Erste Stufe war das Diktat, der "VIKINGBANK" Text Nr. 4. Auf Nachfrage wurden Teile wiederholt. Wirklich Pille-Palle, es haben auch (soweit ich weiß) alle bestanden.

2. Danach Übersetzung eines Textes von Deutsch nach Englisch, in meinem Fall das Biest Nr. 27. An "traffic separation scheme" konnte ich mich noch erinnern, aber die "Nachrichten für Seefahrer" konnte ich nur als "Nachrichten für Seefahrer (Navigational news)" übersetzen (Richtig wäre "German notices to mariners" gewesen.) Das war aber offenbar auch kein Problem.

3. Dann folgten die mündlichen Prüfung. Hier etwas ausführlicher:

a. Ich kann nur sagen: Bringt euch was zu lesen, essen und trinken mit, aus meiner Sicht war die Wartezeit eine irreguläre Zumutung. Die Prüfung begann um 15 Uhr, um 19 Uhr war ich endlich dran, wegen der nachfolgenden UBI-Prüfung konnte ich erst um 20 Uhr das Gebäude verlassen.

b. Es kam dazu, dass am Anfang ALLE durchgefallen sind. Es hat etwa zwei Stunden gedauert, bis überhaupt mal jemand bestanden hat (da gab es dann auch Applaus). Aber so hatte man genug Zeit, sich verrückt zu machen; wie sich zeigte, völlig überflüssig.

c. Die Prüfung selbst war nämlich recht einfach. ZWEI (!) Prüflinge wurden gleichzeitig auf separaten IC-M503 mit DS100 geprüft, mit diesen Aufgaben:

- Anlage war auf Binnenfunk gestellt, also umschalten auf DSC.
- Beide erhalten zwei Zettel mit Schiffname, MMSI und Kennung.
- Beide müssen im Menü nachschauen, wer sie sind.
- Prüfling A setzt einen DSC-Notalarm ab und funkt die Daten auf Kanal 16 hinterher.
- Prüfling B (ich) ruft den DSC-Alarm ab, und gleich die Funkmeldung mit den DSC-Daten ab.

(Hierzu vier Bemerkungen:
- Der Prüfer hat darauf hingewiesen, dass man vor dem eigenen Namen immer "This is" sagen sollte.
- Es waren zwei Prüfer im Raum, einer hat den Raum zwischendurch verlassen.
- Das war zwar irritierend, aber immerhin konnte ich einfach behaupten, dass der andere alles richtig gemacht habe, obwohl tatsächlich ein Zahlendreher in der Positionswiederholung war. Aber hier noch einen Nachfrage-Funk einzuleiten war mir wirklich zu blöd.
- Es ist gar nicht so einfach, dem anderen in der Prüfung zuzuhören.)

Dann ging es weiter:

- Ich sollte Hilfe anbieten, ich war 5 sm entfernt und konnte in 30 min da sein. Kein Problem. Notruf bestätigt und abgewickelt streng nach Protokoll.

- Dann sollten beide Prüflinge noch den Notverkehr beenden, A den eigenen, B den fremden. Wiederum strikt nach Protokoll.

- Für die praktische UBI sollte ich dann noch einen Notruf anhand von Angaben auf einem weiteren Zettel absetzen. Ans Protokoll gehalten, alles richtig, an sich kein Problem. Nur die automatisch reduzierte Sendeleistung auf Kanal 10 hat mich kurz irritiert, aber das war kein Problem.

- Fazit zu diesem Teil: Ich denke, die Prüfer waren auch schon müde, denn das hätte man auch sehr viel schwieriger gestalten können.

4. Dann war wieder warten angesagt, denn die theoretische UBI-Prüfung kam zum Abschluss. Wirklich nicht schwierig, diese 10 Fragen.

Ergebnis:

1. Danke für die gute Vorbereitung im Kurs. Ohne das hätte ich die Prüfung kaum bestanden.
2. Die Ladungspraxis des PA ist aus meiner Sicht mindestens bizarr, und eigentlich auch irregulär. Fünf Stunden Dauer, etwa 80 Prüflinge, für etwas, das für den Einzelnen vielleicht 45 Minuten in Anspruch nimmt, ist albern und nicht in Ordnung.

Viele Grüße!

Organisatorisches:
Für den Fall, dass man SRC und UBI zusammen machen möchte, wird man vom Prüfungsausschuss wohl automatisch im Modus SRC + Zusatzprüfung UBI eingestuft, egal, was man bei der Anmeldung angekreuzt hat. Man hat dann zwar weniger Fragen zu beantworten, allerdings darf man mit der UBI-Prüfung erst dann beginnen, wenn man die SRC-Prüfung in Theorie und Praxis bestanden hat. Einige Prüflinge durften wegen einer verpatzten SRC-Prüfung also erst gar nicht mit der UBI-Prüfung beginnen und müssen sich zur Nachprüfung erneut anmelden.
Ablauf:
Ca. 15:15 Beginn im 3. OG mit Diktat auf Englisch und Übersetzung des diktierten ins Deutsche. Es kam eine der kürzeren Meldungen dran: 23: M/V Xanthippe... Herr Trompka hat selber diktiert, schön langsam, sehr oft wiederholt und in sehr gut verständlichem Englisch. Buchstabiert wurde nichts, was eigentlich besser ist, da man sich dann Rechtschreibfehler erlauben darf (außer bei den Positionsangaben). Danach die Übersetzung vom Deutschen ins Englische auf dem nächsten Blatt, hier bekommt jeder einen eigenen Text.
Wer fertig war bekam den SRC-Prüfungsbogen. Fragen besser genau durchlesen, ich hatte beim Üben festgestellt, dass ich oft Fehler gemacht habe, weil ich ein "nicht" in der Frage überlesen hatte.
Alle Prüflinge, die zu SRC und UBI angemeldet waren (etwa 10 Personen), wurden anschließend im 2. OG weitergeprüft. Der Rest (nur SRC oder nur UBI - etwa 30 Personen) blieb im 3. OG. Nach etwas Wartezeit im 2. OG wurden wir dann jeweils zu zweit aufgerufen und in einen anderen Raum von einem gut gelaunten Prüfer zur SRC-Praxis empfangen. Es gab zwei Funkgeräte, einmal Schiff Enterprise und einmal Schiff Caroline.

o Aufgabenstellung: Notfall-Szenario irgendwo im Südpazifik. Angabe der Zeit bereits in UTC, also keine Umrechnung notwendig
o Gerät auf DSC und Kanal 16, 25W umgestellt, distress settings, Ursache, Position und Zeit eingeben, gründlich alles überprüft (-> Süd, nicht Nord!), dann distress 5 Sekunden drücken (also real rausschicken).
o Per Sprechfunk Mayday hinterher....
o Der Prüfer hat insbesondere darauf geachtet, dass die richtigen Koordinaten per DSC beim Mitprüfling angekommen sind.
o Der Prüfer meinte dann, dass mein Boot jetzt untergegangen sei und ich nicht mehr Antworten könne und befasste sich weiter mit dem Mitprüfling (Bestätigen, ...).
o Nach gefühlten 5 Minuten war die Praxis dann bereits bestanden.

• Nun wieder raus und warten, bis die SRC-Theorie-Bögen bewertet waren, da erst danach mit

der UBI begonnen werden darf (siehe oben)
• Erster Teil UBI-Prüfung: Diktat auf Deutsch, dabei wurde Wert darauf gelegt, dass Positionsangaben und buchstabierte Wörter keinen Fehler beinhalten dürfen und "Ende der Nachricht" durch "+" ersetzt wurde. Buchstabiert wurde zum Beispiel das Wort "DUISBURGER" und "CAROLINE". Wer das nicht schafft...
• Ich durfte nach dem Diktat gleich mit der Praxis UBI weitermachen:
o Main Kilometer 35, Kollision, Wassereinbruch, erst Schifffahrt informieren, dann Revierzentrale anfunken
o Funkgerät war ausgeschaltet, also einschalten, auf ATIS, Kanal 10, Rauschen, Mayday, ...
o Dann Regionaler Teil Handbuch Binnenfunk und schauen, welche Schleuse auf welchem Kanal zur Oberwesel Revierzentrale durchreicht (Kanal 81)
o Nachdem ich den Kanal 81 eingestellt habe und wir noch gemeinsam diskutiert haben, ob für die geringe Distanz jetzt 1W ausreicht, oder besser doch 25W (könnte ja dort bergig sein, Prüfer war für 25W) war die Praxis-Prüfung auch schon erfolgreich beendet.
• Der Prüfer wollte mich schon nach Hause schicken (Ihre Scheine schicken wir Ihnen dann nach Hause), da musste ich ihn darauf hinweisen, dass ich noch keinen UBI-Ergänzungsbogen bekommen habe. Das war dann schnell in 3 Minuten erledigt, und ich konnte nach Hause
• 17:15Uhr SRC + UBI bestanden:-)
Fazit:
• Die Prüfer sind fair und gut gelaunt (zumindest in meinem Fall)
• Unbedingt formelle (Leichtsinns-) Fehler vermeiden: Ich habe mitbekommen, dass zwei Prüflinge durchgefallen sind: Einer hatte vergessen den Satzteil "neither to anchor" zu übersetzen, der andere hatte nur die Übersetzung in die eine Richtung, aber nicht in die andere Richtung gemacht (einfach übersehen!).
• Das Prüfungsskript von Ingmar ermöglicht eine sehr effektive Vorbereitung auf die Prüfung, zielgerichteter als manches Buch, vielen Dank dafür!
• Am Ende war die Vorbereitung auf den praktischen Teil doch deutlich aufwändiger als von mir zunächst erwartet (UBI + SRC zusammen) - Aber der Tipp mit dem Aufnehmen hat gut geholfen.
Viele Grüße und Danke,
A.

Hallo Ingmar,

ich räume gerade mein Postfach auf und mir ist eingefallen, dass ich Dir noch ein Feedback zur Prüfung UBI/SRC geben wollte. Ich bin beim ersten Prüfungstermin durchgefallen, weil ich einen Fehler in der Englisch => Deutsch Übersetzung hatte.
Als der Prüfer heraus kam und mir das mitteilte, dachte ich erst, er wollte einen Spaß mit mir machen. Englisch kann ich recht gut und ich konnte mir überhaupt nicht vorstellen hier einen gravierenden Fehler gemacht zu haben.
Als er mir dann den Prüfungsbogen zeigte habe ich nicht schlecht gestaunt.
Ich habe den Schiffsnamen UNDINE mit UDINE aufgeschrieben.

Ich habe auch immer nur UDINE gelesen und geschrieben, weil ich die Stadt in Italien kenne und auch schon dort war. Den Wassergeist UNIDNE kannte ich bis dahin nicht. Schade! Der Rest der Prüfung verlief ohne Probleme. Fragebogen ohne Fehler und die sicherer Handhabung des Funkgerätes hat wohl den Prüfer dazu veranlasst nicht so viele Frage zu stellen.

Viele Dank für Deine Unterstützung
M.

Hallo Ingmar,

ich kann vermelden: Operation geglückt, Patient FAST tot: Also, die Stimmung bei den Prüfungen war genau so, wie in all den Mails beschrieben: Voll, aber super organisiert.
Ich hatte zuerst Theorie SRC. Danach ging es nach einer angemessenen Wartezeit zur Funkpraxis: Der Prüfer der sehr professionell vorging und prüfungsrechtlich alle Fragen stellte (fühlen Sie sich in der Lage, die Prüfung abzulegen? :-)) fragte die aktuelle UTC und mein Schema ab (wie oft sagen Sie den MAYDAY?).
Dann ging es los: Einstellen Havarieposition und aktuelle Uhrzeit in UTC. Dann Absenden per DSC und Meldung über UKW.
Eigene Position zweimal sagen, wollte er nicht. „Die fragen schon nach, wenn sie etwas nicht verstanden haben".
Danach musste ich meinen eigenen Seenotfall wieder selbst beenden.
Gerätehandhabung lief insgesamt rund.

Dann Umschalten auf Binnen (ATIS, K 10)
Kollision auf dem Rhein-Herne-Kanal. Ich musste nur die anschließende Sicherheitsmeldung absetzten und ihm sagen, was ich mache, wenn einer meine MAYDAY-Kreise stört.

Im Anschluss daran, denn nun hatte ich ja mein SRC, den Ergänzungsfragebogen UBI.
Bei SRC hatte ich den Bogen 5. FKN die Fragen FKN 001. Beim UBI hatte ich den Übungsfragebogen 10. Das Diktat war die modifizierte Nr. 8.

Also, insgesamt alles super. Dein Kurs war super und auch Deine online-Fragebögen, Audiodateien und sonstigen Unterlagen waren wirklich klasse und sehr hilfreich.
Was mir dann noch geholfen hat, war die DVD meines Vaters, mit der ich das Funkgerät (altes, zweiteiliges Modell) beüben konnte. In der Prüfung habe ich aber trotzdem das neue genommen.
Also, vielen Dank!
Herzliche Grüße

Lieber Ingmar,
Ich wollte Dir noch schnell berichten, dass ich meine Funkprüfungen SRC und UBI bestanden habe (Prüfungsausschuss Berlin), und Dir für die gute Vorbereitung danken. Im Großen und Ganzen war der Ablauf so, wie Du ihn geschildert hattest. Ich habe nicht viele bedröppelte Gesichter bei den Prüflingen gesehen – daher nehme ich an, dass nicht viele durchgefallen sind. Ich schreibe im Folgenden nur auf, was mich überrascht hat – das könnte für zukünftige Prüflinge von Nutzen sein:

1) Die Dauer. Vom Beginn des theoretischen bis zum Ende des praktischen Teils haben die Prüfungen bei mir 3,5 Stunden gedauert, mit langer Pause zwischendurch. Wichtig für die Terminplanung!

2) Der Stil der praktischen Prüfung. Der Prüfer hat sich nicht an die „Lehrbuch-Aufgaben" gehalten, sondern sich an Beispielen aus der Praxis orientiert und erwartet, dass man gesunden Menschenverstand benutzt. Beispiel: „Sie erhalten einen Pan-Pan Anruf – Schiff XY hat sich auf einer Sandbank festgefahren und bittet um Schlepphilfe. Sie fahren eine Motoryacht mit 300 PS. Bieten Sie Hilfe an". Nachdem ich meinen Funkspruch an sich korrekt abgesetzt hatte, frage mich der Prüfer: „Wollen Sie sich nicht erst einmal erkundigen, wie groß das Schiff ist, das sich festgefahren hat, um zu beurteilen, ob Sie es überhaupt von der Sandbank herunterziehen können?" Leuchtet ein. Es hatte keine negativen Folgen, dass ich das Naheliegende nicht getan hatte, und so habe ich bei der Prüfung noch etwas dazu gelernt. In diesem Stil wurde der ganze praktische Teil durchgeführt.

3) Die englische Aussprache des Prüfers. In dem englischen Text, den wir übersetzen sollten, kam das Wort „flooding" vor. Die korrekte Aussprache ist [fladding], der Prüfer sprach es [flouding]

aus. Ich war mir unsicher, ob er „flooding“ oder „floating“ meinte – das ließ sich auch während der Prüfung nicht klären. Also musste ich aus dem Zusammenhang schließen, was gemeint war.

Insgesamt war die Prüfung also kein Pappenstiel, aber mit guter Vorbereitung gut machbar und eine recht humane Angelegenheit.

Mit herzlichem Gruß,
M.

13. Seefunktexte für Diktatübungen

	Deutsch	Englisch
1	In der Nähe der Leucht-Heultonne Humber 5 wurde ein gekentertes Rettungsfloß beobachtet. Überlebende wurden nicht gesichtet. Schiffe in dem Gebiet werden gebeten, scharf Ausschau zu halten.	In vicinity of light and whistle buoy Humber 5 capsized life raft observed. Survivors were not sighted. Ships in area are requested to keep sharp lookout.
2	Seydisfjord/DFBY auf Position 61-10N 003-45E, nach einer Explosion Feuer im Maschinenraum, zwei Personen schwer verletzt, wir müssen das Schiff verlassen, benötigen sofortige Hilfe.	Seydisfjord/DFBY in position 61-10N 003-45E, after explosion fire in engine room, two persons are seriously injured, we have to abandon the vessel, require immediate help.
3	M/S Freyburg/DCAW berichtetMensch über Bord, um 0730 UTC zuletzt gesichtet auf Position 53-53N 008-56E. Alle Schiffe in der Nähe werden gebeten, scharf Ausschau zu halten, und die Seenotleitung Bremen zu informieren.	M/V Freyburg/DCAW reports person over board, last seen in position 53-53N 008-56E at 0730 UTC. All ships in vicinity are requested to keep sharp lookout and report to Maritime Rescue Co-ordination Centre Bremen.
4	Vikingbank/DESI auf Position 54-07N 008-46E, Ruder gebrochen, treiben in rauer See auf die Sände zu, benötigen sofortige Hilfe.	Vikingbank/DESI in position 54-07N 008-46E, rudder broken, drifting in rough sea towards the banks, require immediate assistance.
5	Mensch über Bord auf Position 54-12N 012-03E um 2110 UTC. Schiffe in der Nähe werden gebeten, scharf Ausschau zu halten und der Seenotleitung Bremen zu berichten.	Person over board in position 54-12N 012-03E at 2110 UTC. Ships in vicinity are requested to keep sharp lookout and to report to Maritime Rescue Co-ordination Centre Bremen.
6	M/S Kybfels/DEJM auf Position 48-28N 005-14W, habe starke Schlagseite nach Backbord. Schiffe in der Nähe bitte Position, Kurs und Geschwindigkeit für mögliche Hilfeleistung angeben.	M/V Kybfels/DEJM in position 48-28N 005-14W, heavy list to port side. Ships in vicinity please indicate position, course and speed for possible assistance.
7	Rote Raketen beobachtet auf Position 55-16N 016-23E, rechtweisende Peilung 45 Grad, alle Schiffe in diesem Gebiet bitte scharf Ausschau halten und an MRCC Göteborg berichten.	Red rockets observed in position 55-16N 016-23E, true bearing of 45 degrees, all ships in this area please keep sharp lookout and report to MRCC Gothenburg.

8	Sturmwarnung für Skagerrak und Kattegat, West 8 bis 9, abnehmend 7, raue See, Schauer, mäßige bis schlechte Sicht.	Gale warning for Skagerrak and Kattegat, west force 8 to 9, decreasing to force 7, rough sea, showers, moderate to poor visibility.
9	M/S Gutenfels/DEEV auf Position 16-28S 174-51E, Wassereinbruch, Schiff befindet sich im kritischen Zustand, Schiffe in dem Gebiet werden gebeten, diese Position anzusteuern, um Hilfe zu leisten.	M/V Gutenfels/DEEV in position 16-28S 174-51E, flooding, ship is in critical condition, ships in area are requested to approach to this position for assistance.
10	Um 0732 UTC folgendes auf UKW-Kanal 16 empfangen: „MAYDAY Fjaellfjord/ LGBX auf Position 54-14N 007-52E, Explosionen im Maschinenraum, 6 Personen verletzt, benötigen Hubschrauber und medizinische Hilfe".	Following received at 0732 UTC on VHF channel 16: „MAYDAY Fjaellfjord/LGBX in position 54-14N 007-52E, explosion in engine room, 6 persons are injured, require helicopter and medical assistance".
11	M/S Undine/DCBY auf Position 54-32N 012-56E, Feuer in den Aufbauten, Schiffe in dem Gebiet werden gebeten, Hilfe bei der Brandabwehr zu leisten.	M/V Undine/DCBY in position 54-32N 012-56E, fire in superstructures, vessels in area are requested to assist in fire fighting.
12	M/S Hanseatic/DABR auf Position 51-10N 003-45E, Schiff ist wegen defekter Ruderanlage manövrierunfähig, benötige Schlepperhilfe.	M/V Hanseatic/DABR in position 51-10N 003-45E, due to defective steering gear vessel is not under command, require tug assistance.
13	Yacht Spiekeroog/DB8434 auf Position 12 sm südlich Kap Spartivento ist ein Besatzungsmitglied vom Mast gefallen und schwer verletzt, benötigen dringend ärztliche Hilfe, rechtweisender Kurs 275 Grad, Geschwindigkeit 13 Knoten.	Yacht Spiekeroog/DB8434 in position 12 nm south of Cape Spartivento, a crew member has fallen off the mast and is seriously injured, require urgent medical assistance, true course 275 degrees, speed 13 knots.
14	Segelyacht Hadriane/DD2663 auf Position 54-38N 011-13E, Kollision mit Fischereifahrzeug Meyenburg/DCYJ, Yacht sinkt nach Wassereinbruch, benötigen sofortige Hilfe.	S/Y Hadriane/DD2663 in position 54-38N 011-13E, in collision with fishing vessel Meyenburg/DCYJ, yacht is sinking after flooding, require immediate assistance.
15	Segelboot Rubin/OZMO, 12 m Länge, roter Rumpf und weiße Segel, zwei Personen an Bord, verließ Klintholm am 16. Juli um 0600 Ortszeit mit Bestimmungshafen Visby, ist bisher dort nicht eingetroffen, die Schifffahrt wird	Sailing boat Rubin/OZMO, length 12 m, red hull and white sails, two persons on board, left Klintholm on July 16th at 0600 local time, bound for Visby and has not yet arrived there, shipping is requested to keep sharp

	gebeten, scharf Ausschau zu halten und an Lyngby Radio zu berichten.	lookout and to report to Lyngby Radio.
16	Tazacorte/DCAX auf Position 53-54N 008-47E, Schiff brennt, Feuer nicht unter Kontrolle, benötige sofortige Hilfe.	Tazacorte/DCAX in position 53-54N 008-47E, vessel on fire, fire not under control, require immediate assistance.
17	M/S Tete Oldendorff/DKOV auf Position 55-12N 005-08E, ein Besatzungsmitglied, 56 Jahre alt, ist bewusstlos, Verdacht auf Herzinfarkt, benötige dringend medizinische Hilfe per Hubschrauber.	M/V Tete Oldendorff/DKOV in position 55-12N 005-08E, a crew member, 56 years old, is unconscious, suspect of heart attack, require urgently medical assistance by helicopter.
18	M/S Atlantica/DEAQ auf Position 55-23N 006-18E, Schiff treibt wegen Maschinenausfall manövrierunfähig in sehr schwerer See und hoher Dünung, benötigen dringend Schlepperhilfe.	M/V Atlantica/DEAQ in position 55-23N 006-18E, due to engine trouble ship is not under command and drifting in very rough sea and high swell, require immediate tug assistance.
19	Segeljacht Relaxe/SWLU, Beschreibung: Länge 40 Fuß, weißer Rumpf und weiße Aufbauten, braune Segel, unterwegs von Martinique zu den Azoren, seit dem 16. Januar überfällig, Schiffe, die sich auf dieser Route befinden, werden gebeten, scharf Ausschau zu halten und der US Küstenwache zu berichten.	Sailing yacht Relaxe/SWLU description: length 40 feet, white hull and white superstructure, brown sails underway from Martinique to the Azores overdue since January 16th, ships on this route are requested to keep sharp lookout and to report to US Coast Guard.
20	Segeljacht Acatenanco/DB2932, auf Position 61-17N 004-28E, gebrochener Mast, Ruderschaden, Schiff treibt manövrierunfähig in schwerer See, benötigen Schlepperhilfe.	Sailing yacht Acatenanco/DB2932 in position 61-17N 004-28E, broken mast, damaged rudder, vessel is not under command, drifting in rough sea, require tug assistance.
21	Im Vorhersagegebiet Dogger Bank starke westliche Winde zunehmend auf Sturmstärke 8 bis 9, später rechtdrehend, zeitweise Sprühregen, mäßige bis schlechte Sicht.	Forecast area Dogger Bank strong westerly winds increasing to gale force 8 to 9, veering later, drizzle at times, moderate to poor visibility.
22	Auf der Position 43-00N 009-19W sind mehrere rot gestrichene 40-Fuß-Container gesichtet worden, ein Container mit der Aufschrift TEXASCON, Schiffe in diesem Gebiet werden gebeten, vorsichtig zu navigieren.	In position 43-00N 009-19W observed several drifting 40-feet containers, red painted, one container marked with TEXASCON, ships in this area are requested to navigate carefully.
23	M/S Xanthippe hat auf Position 51-	M/V Xanthippe in position 51-28N

	28N 002-40E Anker verloren. Schiffe in dem Gebiet werden gebeten, dort weder zu ankern noch Fischereigeschirr zu nutzen.	002-40E has lost anchor. Shipping in this area is requested neither to anchor nor to use fishing gear.
24	Fahrwasser zwischen Den Helder und Den Oever, die Leucht-Heultonne MG 18 ist als verlöscht gemeldet. Die Schifffahrt in diesem Gebiet wird gebeten, vorsichtig zu navigieren.	Fairway between Den Helder and Den Oever light and whistle buoy MG 18 is reported unlit. Shipping in this area is requested to navigate with caution.
25	Wettervorhersage für das Gebiet nördlich von Portugal: Regen oder Schauer, zeitweise Südwest 6, rasch zunehmend auf West 8, später rechtdrehend auf Nordwest Stärke 5.	Weather forecast for the area north of Portugal: rain or showers, at times southwest force 6 rapidly increasing to west force 8, veering to northwest force 5 later.
26	Unterwasser-Kabelarbeiten werden bis zum 16. Februar durch M/S Leon Thevesin fortgeführt. Die Schifffahrt wird gebeten, mehr als 2 sm Abstand von der Position 33-55N 008-04W zu halten.	Underwater cable operations in progress until February 16th by M/V Leon Thevesin. Shipping is requested to keep a berth of more than 2 nm of position 33-55N 008-04W.
27	Nautische Warnung. Westliche Ostsee. Verkehrstrennungsgebiet südlich Gedser. Austausch der Betonnung des Tieffahrwasserwegs und des Verkehrstrennungsgebietes wird laut Nachrichten für Seefahrer 41/01 vom 28. Mai bis 03. Juni durchgeführt werden.	Navigational warning. Western Baltic (Sea): Traffic separation scheme south of Gedser. Replacement of buoyage of deep water lane and traffic separation scheme will be carried out from 28 May to 03 June according to German notices to mariners 41/01.

14. Simplex / Semi-Duplex / Duplex

Simplex

Die Übertragung ist in eine Richtung möglich. Jeder Simplexkanal hat nur eine Frequenz. Es gibt einen Sender und üblicherweise viele Empfänger. Dies ist beispielsweise beim Einsatz von Funkmeldeempfängern (Pager) der Fall. Bei Sprechfunkgeräten können dem Sender und Empfänger verschiedene Kanäle zugewiesen werden. Damit kann man ein Abhören zwar nicht unbedingt vermeiden, jedoch wird der gewünschte Gesprächspartner erreicht.

Semi-Duplex

In vielen Fällen, wie beispielsweise die Kommunikation zwischen Schiff und Küstenfunkstelle, ist der Sprechfunk ein Wechselverkehr (Semi- Duplexbetrieb) auf einem Duplex-Kanal mit zwei Frequenzen: eine Frequenz zum Senden, die andere zum Empfangen. Trotz der zwei Frequenzen pro Kanal kann nur ein Teilnehmer den Kanal zum Sprechen nutzen, da die Anlage nur **einen Transceiver** (Kunstwort aus **Trans**mitter und Re**ceiver**) und eine Antenne hat. Wird dieser einzige Transceiver durch Senden belegt, kann er gleichzeitig nicht auf der Empfangsfrequenz empfangen. Die Anlage schaltet mit dem Drücken der Sprechtaste zwischen der Sende- und Empfangsfrequenz des Kanals um.

Auf Duplexkanälen bewirkt das Drücken der Sprechtaste eine interne Frequenzumschaltung.

Beispiel für Kanal 18

Sprechtaste drücken = Transceiver sendet und wechselt dafür zur Sendefrequenz 156,9 Mhz.

Sprechtaste loslassen = Transceiver ist wieder im Empfangsmodus und wechselt zurück zur Empfangsfrequenz 161,5 Mhz.

Duplex

Beim Gegenverkehr (auch Gegensprechen genannt) sendet und empfängt das Funkgerät auf zwei unterschiedlichen Frequenzen, die als Oberband und Unterband bezeichnet werden. Während das Funkgerät auf der einen Frequenz sendet, kann es gleichzeitig auf der anderen Frequenz empfangen.

Ein vollständiger Duplexverkehr wie ein Telefonat ist mit den handelsüblichen UKW-Seefunkanlagen nicht möglich, da diese nur einen einzigen Transceiver integriert haben, der auch auf einem Duplex-Kanal entweder senden oder empfangen kann, jedoch nicht beides gleichzeitig.

15. Kanäle und Frequenzen [6]

Kanal	Sendefrequenzen (MHz) Seefunkstellen	Küstenfunkstellen	Schiff-Schiff Eine Frequenz (Simplex)	Hafen- u. Schiffslenkungsfunkdienst Eine Frequenz (Simplex)	Zwei Frequenzen (Semi-Duplex)	Öffentlicher Nachrichtenaustausch
60	156,025	160,625			x	x
01	156,050	160,650			x	x
61	156,075	160,675			x	x
02	156,100	160,700			x	x
62	156,125	160,725			x	x
03	156,150	160,750			x	x
63	156,175	160,775			x	x
04	156,200	160,800			x	x
64	156,225	160,825			x	x
05	156,250	160,850			x	x
65	156,275	160,875			x	x
06	156,300		x			
66	156,325	160,925			x	x
07	156,350	160,950			x	x
67	156,375	156,375	x	x		
08	156,400		x			
68	156,425	156,425		x		
09	156,450	156,450	x	x		
69	156,475	156,475	x	x		
10	156,500	156,500	x	x		
70	**156,525**	**156,525**	Nur Digitale Selektivrufe für Not, Dringlichkeit, Sicherheit und Anrufe			
11	156,550	156,550		x		
71	156,575	156,575		x		
12	156,600	156,600		x		
72	156,625		x			
13	156,650	156,650	x	x	Sicherheitskanal für Seeschifffahrt	
73	156,675	156,675	x	x		
14	156,700	156,700		x		
74	156,725	156,725		x		
15	156,750	156,750	x	x	Funkverkehr an Bord (1 W)	
75	156,775			x	Navigation (möglichst 1 W)	
16	**156,800**	**156,800**	x	Not, Dringlichkeit, Sicherheit, Erstanrufe Routineverkehr		
76	156,825			x	Navigation (möglichst 1 W)	
17	156,850	156,850	x	x	Funkverkehr an Bord (1 W)	
77	156,875		x			
18	156,900	161,500			x	x
78	156,925	161,525			x	x
19	156,950	161,550			x	x
79	156,975	161,575			x	x
20	157,000	161,600			x	x
80	157,025	161,625			x	x
21	157,050	161,650			x	x
81	157,075	161,675			x	x
22	157,100	161,700			x	x
82	157,125	161,725			x	x
23	157,150	161,750			x	x
83	157,175	161,775			x	x
24	157,200	161,800			x	x
84	157,225	161,825			x	x
25	157,250	161,850			x	x
85	157,275	161,875			x	x
26	157,300	161,900			x	x
86	157,325	161,925			x	x
27	157,350	161,950			x	x
87	157,375			x		
28	157,400	162,000			x	x
88	157,425			x		
AIS 1	161,975	161,975	Automatische Schiffsidentifizierung **AIS**			
AIS 2	162,025	162,025	Automatische Schiffsidentifizierung **AIS**			

Der Frequenznutzungsplan wird von der Bundesnetzagentur regelmäßig aktualisiert. Darunter fallen auch die oben zusammengefassten Frequenzen für den Seefunk.

---

[6] Vgl. Frequenzen Verwendungszwecke gemäß VO-Funk, Anhang 18. oder Frequenznutzungsplan der Bundesnetzagentur, www.bundesnetzagentur.de

Wichtige Kanäle im UKW-Seefunk:	
K 16	Internationaler Not- Dringlichkeits- Sicherheits- und Anrufkanal.
K 70	Nur für digitalen Selektivruf (ähnlich einer SMS), für Sprechfunk gesperrt.
K 06 , 16	Internationale Kanäle für den Verkehr zur Koordination von SAR-Einsätzen. Auch zwischen Schiff und z.B. Helikopter.
K 08, 10	Für die Seeschifffahrt. Weitere Schiff-Schiff-Kanäle zur Auslagerung wichtiger Meldungen.
K 13	Kanal zwischen Seefunkstellen für die Sicherheit der Seefahrt
K 69, 72,	Für die Seeschifffahrt, insbesondere in Deutschland für Sportboote und Yachten für den Routinefunkverkehr.
K 77	Für die Seeschifffahrt, auch Routine
K 75 , 76	Für Navigationszwecke (Schiffsführung)

Hörwache

Die Hörwache dient der Sicherheit auf See und der Gewährleistung der Kommunikationsfähigkeit. Eine verpflichtende Hörwache auf Kanal 16, dem Not-, Dringlichkeits- und Sicherheitsverkehr sowie als Anrufkanal für den Routinesprechfunkverkehr gibt es nicht mehr. Der Kanal 16 sollte jedoch abgehört werden, falls es der Schiffsbetrieb zulässt.

Für GMDSS-ausgerüstete Schiffe auf See ist eine ständige Hörwache auf dem DSC-Kanal 70 vorgeschrieben. Diese geschieht automatisch über den DSC-Controller.

```
  -VHF DSC CONTROLLER-
     CH70 WATCHING

GPS: No time data
     No position data
```

Das Fortbestehen der Pflicht zur Hörwache wird von den Gremien der IMO von Zeit zu Zeit überprüft.

16. Binnenschifffahrtsfunk

Der Binnenschifffahrtsfunk beinhaltet den internationalen mobilen UKW- Sprechfunkdienst zwischen Landfunkstellen und Schiffsfunkstellen und Schiffsfunkstellen untereinander auf Binnenschifffahrtsstraßen. Er ermöglicht das Herstellen von Funkverbindungen für bestimmte Zwecke auf vereinbarten Kanälen (Verkehrskreisen) nach festgelegten Sprechfunkverfahren, die in der Vollzugsordnung für den Funkdienst (VO-Funk) beschrieben sind.

Die Rangfolgen des Funkverkehrs

Abgrenzung siehe Seefunk "Rangfolgen im Funkverkehr"

1. Not	2. Dringlichkeit	3. Sicherheit	4. Routine

Beim Aussenden darf kein Funkverkehr gleicher oder höherer Priorität gestört werden. Der Sprechfunk sollte in Landessprache mit einer langsamen und deutlichen Aussprache erfolgen. Vor der Aussendung muss überprüft werden, ob der gewünschte Kanal frei ist. Die Sprechtaste sollte nicht länger als notwendig gedrückt werden und es dürfen keine unnötigen Aussendungen durchgeführt werden.

Wenn eine Funkstelle eine **Testsendung** durchführt, soll diese Aussendung auf ein Mindestmaß beschränkt werden und nicht länger als 10 Sekunden dauern. Die Testsendung soll den Schiffsnamen enthalten, dem das Wort „Test“ folgt.

Die Schiffsfunkstelle

Eine Schiffsfunkstelle ist eine mobile Funkstelle des Binnenschifffahrtsfunkdienstes an Bord eines Schiffes, das nicht ständig festgemacht ist. Zum Betreiben der UKW-Funkanlage an Bord sind die **Nummernzuteilungsurkunde (früher Frequenzzuteilungsurkunde)** und das **Sprechfunkzeugnis für den Binnenschifffahrtsfunk UBI** erforderlich. Dieses wird im Geltungsbereich der Binnenschifffahrtsstraßenordnung und in den Zonen 1 bis 4 benötigt.
Die erforderlichen individuellen **Nummernzuteilungen** für See- bzw. Schiffsfunkstellen erfolgen nach § 66 Telekommunikationsgesetz in Form der nach der VO Funk international anerkannten Urkunde (Ship Station Licence).
Der Bewerber muss für die Erteilung des UBI das 15. Lebensjahr vollendet und die erforderliche Befähigung in einer Prüfung nachgewiesen haben. Das Funkbetriebszeugnis SRC gilt im Binnenbereich nicht. Kleinfahrzeuge unter 20 m Länge unterliegen zwar keiner Ausrüstungspflicht wohl aber dann einer Funkbenutzungspflicht auf Kanal 10 im Verkehrskreis Schiff-Schiff, wenn freiwillig eine Funkanlage an Bord zugelassen und installiert ist. Während der Fahrt müssen Sportboote die Funkanlage einschalten und auf Kanal 10 abhören. Der Verkehrskreis Schiff-Schiff darf bei Kleinfahrzeugen kurzzeitig verlassen werden, um Meldungen aus anderen Verkehrskreisen zu hören.

Fahrzeuge länger als 20 m mit Maschinenantrieb müssen zwei, führen auch oft bis zu drei Funkanlagen mit: eine für den Verkehrskreis Schiff-Schiff (Kanal 10) und eine für den Verkehrskreis Nautische Information, also den jeweiligen Revierkanal. Eine optionale dritte Anlage dient häufig dem Routinefunk. Diese Schiffe dürfen nämlich Kanal 10 nie und den Revierkanal nur kurzzeitig verlassen. Daher ist auch eine Lösung mit nur einem Funkgerät, das eine **Zweikanalüberwachung (Dual Watch)** beherrscht, nicht zulässig, da damit die beiden Kanäle nur im schnellen Wechsel gescannt würden und bei einem eintreffenden Funkspruch eben nur einer der Kanäle während der Aussendung abgehört werden könnte, jedoch nicht gleichzeitig der Zweitkanal. Die Zweikanalüberwachung, eine scheinbar gleichzeitige Hörbereitschaft auf zwei Kanälen, ist im Binnenfunk nicht zulässig und muss abgeschaltet sein, obwohl das für Sportboote eher sinnfrei erscheint. Sportboote dürfen nämlich Kanal 10 kurzzeitig verlassen.

Kennzeichnung der Funkanlage

Ein Rufzeichen dient nach den Regelungen der Internationalen Fernmeldeunion (ITU) zur Identifikation einer Funkstation. In den Funkdiensten, in denen ein Rufzeichen verwendet wird, muss die Rufzeichennennung gemäß dem Internationalen Fernmeldevertrag im internationalen Funkverkehr nach dem ICAO-Alphabet erfolgen. Nicht im Schiffsregister eingetragene Schiffe erhalten ein Rufzeichen aus zwei Buchstaben und vier nachfolgenden Ziffern, z.B.: **DB7892**, von der Bundesnetzagentur, Außenstelle Hamburg. Schiffsfunkstellen für den Binnenschifffahrtsfunk werden durch ihren Schiffsnamen und ihr Rufzeichen gekennzeichnet.

Beispiel: Das Rufzeichen DB7892 hat den ATIS-Code 9211027892

7892	**Ziffern des Rufzeichens.**
02	**Zweiter Buchstabe im Alphabet B.**
211	**Seefunkkennzahl, 211 die "Länderkennung" D.**
9	**Binnenfunk, ATIS Nummer startet immer mit 9.**

Das Rufzeichen wird **beim Loslassen** der Sprechtaste an alle Funkstellen mit einer ATIS-Empfangsmöglichkeit übertragen, womit der Sender einer jeden Aussendung stets identifizierbar ist.

Grund für die ATIS-Kennzeichnung

Eine Schiffsinformationsdatenbank enthält alle Rufzeichen, Schiffsnamen, ATIS-Codes der Länder, die die “Regionale Vereinbarung über den Binnenschifffahrtsfunk” unterzeichnet haben. Mittels des Rufzeichens, des Schiffsnamens, des ATIS-Codes und für den Seefunk des MMSI-Codes ist es möglich, weitere Auskünfte über das betreffende Schiff zu bekommen. In manchen Fällen kann die Benutzung eines Schiffsnamens zu mehreren Ergebnissen führen, weil ein Schiffsname keine eindeutige Zuordnung wie ein ATIS-Code darstellt.

Handbuch Binnenschifffahrtsfunk

Die Zentralkommission für die Rheinschifffahrt (ZKR) die Donaukommission (DK) und die Moselkommission (Mk) haben gemeinsam das „Handbuch Binnenschifffahrtsfunk" herausgegeben. Der „Allgemeine Teil" und der für das Fahrgebiet relevante „regionale Teil" des Handbuches müssen neben der Nummernzuteilungsurkunde (ehem. Frequenzzuteilungsurkunde) und dem Funkzeugnis als Pflichtausstattung an Bord eines mit Funk ausgerüsteten Schiffes, auch an Bord eines Kleinfahrzeuges, mitgeführt werden. Es beinhaltet neben dem „Allgemeinen Teil" auch „regionale Teile" für Rhein und Mosel, sowie Kanäle in Belgien, Deutschland, Frankreich und Niederlande. Dort sind u.a. die Schleusen mit ihren Schleusenfunkkanälen bei den jeweiligen Flusskilometern übersichtlich grafisch dargestellt und die Zuständigkeiten der Revierzentralen sind benannt.

Das Handbuch kann kostenlos im Internet heruntergeladen werden. Über eine beliebige Suchmaschine ist es mit dem gleichnamigen Suchbegriff sofort auffindbar.

Es wird von der Fachstelle der Wasser und Schifffahrtsverwaltung für Verkehrstechniken herausgegeben und kann direkt auf folgender Internetseite kostenlos heruntergeladen werden:

http://www.fvt.wsv.de/handbuch/index.html

Die Magdeburg Revierzentrale ist über die Schleusenfunkkanäle erreichbar.

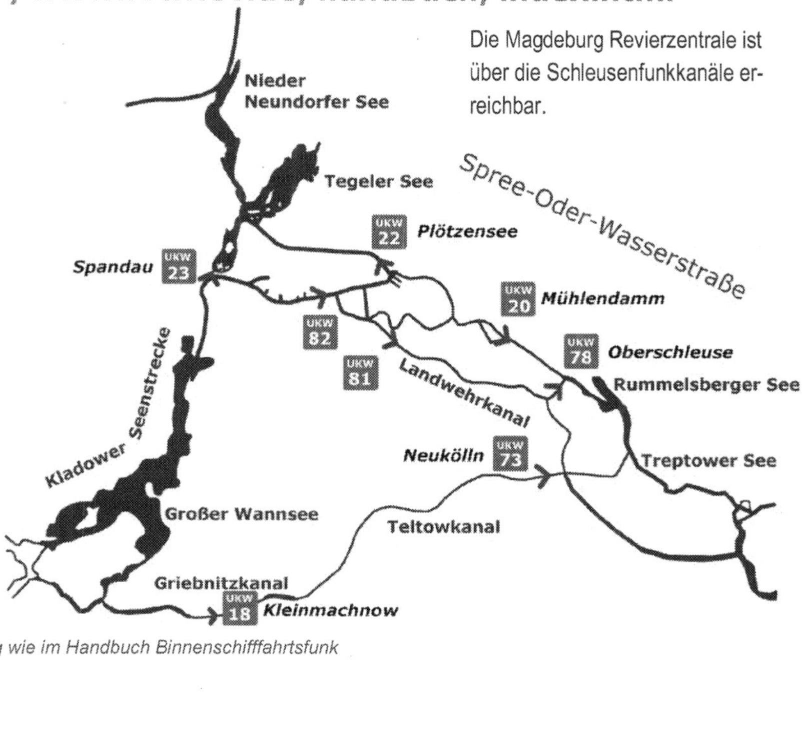

Darstellung wie im Handbuch Binnenschifffahrtsfunk

17. Revierzentralen, MIB, Verkehrszentralen

Revierzentralen

Das sind zentrale Landfunkstellen, die von den Wasser- und Schifffahrtsämtern betrieben werden. Sie nehmen über Schleusenfunkkanäle ihres Zuständigkeitsbereichs auch Notrufe und sicherheitsrelevante Meldungen von Schiffen entgegen. Revierzentralen senden Verkehrsinformationen, Lagemeldungen und nautische Warnnachrichten über:

- *Verkehrslage, besondere Schiffsverkehre,*
- *Wetterverhältnisse im jeweiligen Revier mit Wind- und Sturmwarnungen,*
- *Wasserstände im jeweiligen Revier,*
- *Sichtweiten im Revier,*
- *Unfälle auf dem Revier,*
- *Schifffahrtsperrungen,*
- *Bagger-, Taucher und Peilarbeiten,*
- *Störungen an Schifffahrtszeichen.*

Melde- und Informationssystem Binnenschifffahrt (MIB)

Zur Verbesserung des Verkehrsablaufs auf den Wasserstraßen betreiben die Revierzentralen das Melde- und Informationssystem der Binnenschifffahrt.
Es besteht eine Meldepflicht bei bestimmten Positionen für alle Fahrzeuge, außer Fähren und Kleinfahrzeugen, für Gefahrguttransporte und Verbände auf bestimmten Strecken.
Über die jeweiligen Kanäle des „Nautischen Informationsfunks" wird die Meldung mit Daten wie unter anderem die Schiffsart, die Schiffskennzeichnung, der Standort, die Fahrtrichtung, die Dimensionen des Schiffes und die Gefahrenklasse der Ladung gesendet.

Verkehrszentralen

Der Begriff „Verkehrszentrale" bezeichnet die von der Wasser- und Schifffahrtsverwaltung des Bundes an den Seerevieren betriebenen Revierzentralen mit besonderen Aufgaben:

1) Revierüberwachung:
- Überwachen von Genehmigungen.
- Wasserstands-, Wind- u. Sichtweitenüberwachung.
- Fernüberwachung der Schifffahrtszeichen.
- Pegelstände

2) Verkehrsüberwachung:
- Annahme von Schiffsmeldungen.
- Identifizierung und Markierung der Schiffe auf dem Radarbild,
- Überwachung und Lenkung der Schifffahrt.
- Feststellen von Straftaten und Ordnungswidrigkeiten.

3) Verkehrsunterstützung:
- Meldungen der Schifffahrtspolizei an die Schifffahrt.
- Empfehlungen an die Schifffahrt im Rahmen einer Radarberatung durch Lot sen.

4)Warn- und Informationsdienst:
- Entgegennahme von Meldungen aller Art.
- Lagemeldungen und nautische Warnnachrichten, Warn- und Notmeldungen.

ELWIS

Elektronisches Wasserstraßen-Informationssystem (ELWIS)[7] ist der Titel der Homepage der deutschen Wasser- und Schifffahrtsverwaltung des Bundes (WSV) mit Hinweisen für alle Schifffahrtstreibenden auf Binnenwasserstraßen. Mit ELWIS soll den Schifffahrtstreibenden geholfen werden, ihre Fahrten besser planen zu können, wodurch eine bessere Informationslage und ein besserer Verkehrsfluss die Sicherheit der Schifffahrt erhöhen soll.

Einige Informationsdienste von ELWIS:

- Nachrichten für die Binnenschifffahrt (NfB) Schleuseninformationen
- Bekanntmachungen für Seefahrer (BfS)
- Fahrrinnen- und Tauchtiefen.
- Wasserstände und Eislageberichte
- Gesetze und Verordnungen
- Merkblätter für die Schifffahrt
- Fragenkataloge für Prüfungen

Verkehrskreise

Als Verkehrskreis[8] wird im Binnenschifffahrtsfunk die Zuordnung von Kanälen für bestimmte Aufgaben definiert. Die Verkehrskreise sind in der **Regionalen Vereinbarung über den Binnenschifffahrtsfunk** geregelt. Wenn eine Schiffsfunkstelle an mehreren Verkehrskreisen teilnimmt, muss der gleichzeitige Empfang auf allen tatsächlich benutzten Kanälen sichergestellt werden. Die vorgeschriebene ständige Hörbereitschaft ist davon unberührt. Schiffsfunkstellen müssen mindestens in den Verkehrskreisen Nautische Informationen, Schiff-Schiff und Schiff-Hafenbehörde senden und empfangen können.

---

[7] www.elwis.de

[8] Vgl. Handbuch Binnenschifffahrtsfunk, aktuelle Ausgabe, Allgmeiner Teil

Verkehrskreis	Kanäle Duplex mit (D), Simplex ohne (D)	Mögliche Sendeleistungen
Schiff-Schiff	10, 13, 06, 08, 72, 77	1 W
Nautische Informationen	01 (D), 02 (D), 03 (D), 04 (D), 05 (D), 07 (D), 09 (D), 18 (D), 19 (D), 20 (D), 21 (D), 22 (D), 23 (D), 24 (D), 25 (D),26 (D), 27 (D), 28 (D), 60 (D), 61 (D), 62 (D), 63 (D), 64 (D), 65 (D), 66 (D), 67, 68, 69 (S), 73 (D), 78 (D), 79 (D), 80 (D), 81(D), 82 (D), 83 (D), 84 (D), 85 (D), 86 (D), 87 (D), 88 (D)	1 W oder 25 W Kanal 16 nicht erlaubt
Schiff-Hafenbehörde	11, 12, 14, 71, 74	1 W
Funkverkehr an Bord	15, 17	1 W

Die Kanäle der **Verkehrskreise Schiff-Schiff, Schiff-Hafenbehörde und Funkverkehr an Bord** dürfen nur benutzt werden, wenn die Ausgangsleistung der Sender automatisch auf einen Wert zwischen 0,5 Watt und 1 Watt eingestellt wird. Die Kanäle im Verkehrskreis Nautische Informationen müssen mit einer Ausgangsleistung zwischen 6 Watt und 25 Watt betrieben werden können.

In allen Verkehrskreisen dürfen nur Nachrichten übermittelt werden, die sich auf den Schutz von Personen oder auf die Fahrt oder auf die Sicherheit von Schiffen beziehen, mit Ausnahme des Verkehrskreises Öffentlicher Nachrichtenaustausch.

Schiff-Schiff

Der Verkehrskreis Schiff-Schiff wird für Funkverbindungen zwischen Schiffsfunkstellen genutzt. Kanal 10 ist der erste Schiff-Schiff-Kanal, für den eine Abhörpflicht für alle Fahrzeuge besteht. Falls Kanal 10 belegt sein sollte, dient Kanal 13 als erster Ausweichkanal. Der Routinefunkverkehr und Gespräche sozialer Art werden auf den Kanälen 72 oder 77 durchgeführt. Dieser Verkehrskreis kann auch für die Verkehrssicherung benutzt werden.

Nautische Informationen

In diesem Verkehrskreis nehmen Revierzentralen oder Schleusen Meldungen von Schiffen entgegen. Die Revierzentralen sind über die jeweiligen Schleusenfunkkanäle erreichbar, wobei die Schleusen als Relaisstationen fungieren, was im regionalen Teil des Handbuches Binnenschifffahrtsfunk erläutert wird. Wird beispielsweise vor der Spandauer Schleuse in Berlin auf dem dortigen Schleusenkanal die Magdeburger Revierzentrale angerufen, so meldet sich nicht erst die Schleuse, sondern gleich die Revierzentrale.

Die Kanäle werden durch blaue, am Ufer stehende Schilder angezeigt, die mit dem Hinweis "UKW" und die jeweilige Kanalnummer versehen sind. Diese Kanäle sind auch im Handbuch Binnenschifffahrtsfunk zu finden. In den Niederlanden und in Belgien führen Verkehrsposten ähnliche Aufgaben wie Revierzentralen durch. Auf manchen belgischen Binnenwasserstraßen sind sogenannte Blockkanäle in Verwendung, wo Schiff-Schiff-Gespräche und Nautischer Informationsfunk auf demselben Kanal abgewickelt werden.

Verkehrskreis Schiff-Hafenbehörde

Dieser regelt Funkverbindungen zwischen Schiffsfunkstellen und Funkstellen der Behörden, die für die Betriebsdienste in Binnenhäfen zuständig sind. Beispielsweise können Informationen zu Liegeplätzen eingeholt werden.

Verkehrskreis Funkverkehr an Bord

Er bezeichnet Funkverbindungen an Bord eines Schiffes zwischen Feststation und tragbaren Funkgeräten für Fahrzeuge, die geschoben oder geschleppt werden. Somit wird die Arbeit am Bord beim Anlegen, Ankern und beim Arbeiten mit Leinen durch schnellere Absprachen per Funk erleichtert.

Auf Kleinfahrzeugen ist die Benutzung dieses Verkehrskreises nicht gestattet. Für tragbare Funkgeräte, die für den Verkehrskreis Funkverkehr an Bord verwendet werden, wird ebenfalls ein Rufzeichen zugeteilt. Die Verwendung tragbarer UKW-Funkanlagen ist auf den Verkehrskreis Funkverkehr an Bord und damit auf die Kanäle 15 und/oder 17 beschränkt. Lediglich in den Niederlanden und der Schweiz dürfen auf Sportbooten tragbare VHF-Funkanlagen für alle Verkehrskreise verwendet werden.

Verkehrskreis Öffentlicher Nachrichtenaustausch

Er betrifft Funkverbindungen zwischen Schiffsfunkstellen und den öffentlichen nationalen und den internationalen Telekommunikationsnetzen. Dieser Verkehrskreis spielt heutzutage kaum mehr eine Rolle.

Blockkanäle

Im Allgemeinen ist die Herstellung von Funkverbindungen nur für bestimmte Zwecke innerhalb eines einzigen Verkehrskreises zulässig. Hingegen gibt es in Belgien und in den Niederlanden Kanäle, die gebietsweise gleichzeitig für die Verkehrskreise Schiff-Schiff und Nautische Informationen genutzt werden. Dort können Schiffe Manöverabsprachen treffen und auf dem gleichen Kanal Informationen von Verkehrsposten über die Lage der Wasserstraßen erhalten. Diese Blockkanäle gelten nur für bestimmte Gebiete und dienen zur Aussendung von Nachrichten, die den Schutz von Personen und die Sicherheit der Schifffahrt betreffen.

18. Gerätebedienung und Sprechfunk im Binnenfunk

Vor der Bearbeitung der ersten vorgelegten Prüfungsaufgabe muss zuerst die Betriebsbereitschaft der Funkanlage hergestellt werden. Dafür müssen die Funkanlage in den **Binnenfunkmodus (ATIS)** auf Kanal 10 versetzt, die Lautstärke kontrolliert und die Rauschsperre so eingestellt werden, dass die Anlage ganz knapp nicht rauscht. Eine Rauschsperre blendet das störende Rauschen während der Sprechpausen der Gegenstelle bzw. im Bereitschaftsbetrieb aus.

IC-M503

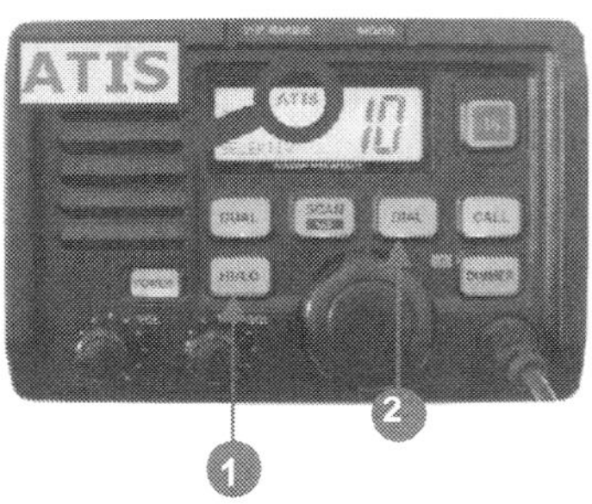

IC-M505

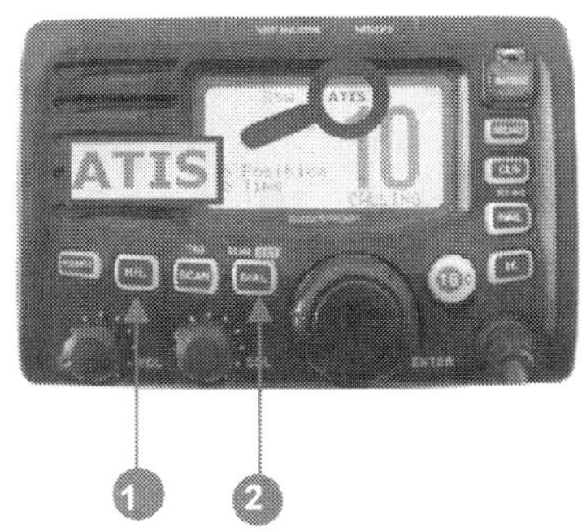

HI/LO (1) und **DIAL** (2) dienen dem Wechsel vom Seefunkmodus (INT/DSC) in den Binnenfunkmodus (ATIS). Bei Bedarf geschieht der Wechsel mit gleicher Tastenkombination wieder zurück in den Seefunk. Dabei die Taste HI/LO gedrückt halten und DIAL kurz antippen, nicht gleichzeitig drücken. Der ATIS-Modus wird ganz oben im Display angezeigt.
Diese Wechselfunktion ist blockiert, wenn die Zweikanalüberwachung "Dual Watch", die im Binnenfunk nicht gestattet ist, zuvor im Seefunkmodus eingeschaltet wurde.
Die genauen Tastenbelegungen wurden bereits oben im Kapitel Tastenbelegungen der Prüfungsfunkanlagen erläutert.

Hinweis zur nachfolgenden Sprechfunkabwicklung im Binnenfunk

Anders als im Seefunk wird im Binnenfunk durch die ATIS-Kennung immer das Rufzeichen automatisch übermittelt, so dass es im Display der Empfänger zu sehen ist. Somit ist eine Nennung im Sprechfunk eigentlich komplett überflüssig.
Jedoch darf in der Prüfung die Nennung des Rufzeichens nicht vergessen werden.

In der Funkpraxis ist es eher selten zu hören, dass Funker ihr Rufzeichen sprechen.

Sprechfunk im Binnenschifffahrtsfunk

Die praktische Prüfung umfasst folgende Komponenten:

1. Fehlerfreie Abgabe von Not-, Dringlichkeits-, Sicherheitsmeldungen nach Vorgabe eines Textes in deutscher Sprache unter Anwendung der Buchstabiertafel in höchstens 5 Minuten (Text vorlesen),

2. Fehlerfreie Aufnahme von Not- und Dringlichkeits- und Sicherheitsmeldungen in deutscher Sprache in höchstens 5 Minuten (Diktat mitschreiben),

3. Praktische Übungen im Binnenschifffahrtsfunk unter der Anwendung der Buchstabiertafel. Verfahren in Not-, Dringlichkeits- Sicherheitsfällen und im Routinefunk mit der korrekten Bedienung der Sprechfunkanlage einer Schiffsfunkstelle, wie auf den folgenden Seiten dargestellt.

4. **Dabei vor jeder Aussendung beachten:**
   - Kanalwahl,
   - Sendeleistung,
   - die Rauschsperre betätigen (SQL) betätigen,
   - die Sprechtaste drücken und bis zum letzten Wort gedrückt halten.

Notverkehr, komplette Abwicklung

1) Notmeldung senden
Szenario: Motoryacht Corinna / DE 9437 hat bei Donaukilometer 1501,33 zu Tal fahrend eine Person verloren und benötigt Hilfe bei der Suche und Rettung.
Bedienung der Funkanlage
Kanal 10, nur mit 1 W möglich, SQL betätigen. Sprechtaste drücken.
Sprechfunk
MAYDAY, MAYDAY, MAYDAY This is Motoryacht Corinna Corinna Corinna / DE 9437 MAYDAY Corinna / DE 9437 Position Donaukilometer 1501,33 zu Tal, ich wiederhole "Position...", Person über Bord. Benötige sofortige Hilfe bei der Suche und Rettung. Bitte kommen

Hinweise

Not kennt kein Gebot. Keine Vorschrift darf jemanden daran hindern, erforderliche Maßnahmen zur Rettung von Menschenleben und zur Gefahrenabwehr durchzuführen. Im Binnenfunk existiert kein einheitlicher Notverkehrskanal wie Kanal 16 im Seefunk. Es kann sein, dass sich auf Kanal 10 nach einer Notmeldung kein anderes Schiff meldet, da die Leistungsreduzierung auf 1 Watt keine hohen Reichweiten zulässt. In diesem Fall wird die Notmeldung erneut über den nächsten Schleusenfunkkanal an die zuständige Revierzentrale übermittelt. Da die Schleusenfunkkanäle zum Nautischen Informationsfunk gehören und dieser wahlweise auch mit 25 Watt Sendeleistung betrieben werden kann, besteht hier eine höhere mögliche Reichweite als über Kanal 10, auch abhängig von der Antennenhöhe und der Landschaft wie Hügel und Gebäude, die die Reichweite reduzieren.

Ein **Notfall liegt vor**, wenn eine unmittelbare Gefahr für eine Person und/oder fürs Schiff besteht. Dies gilt auch für die Gefahrenabwehr an Land. Zur Einleitung von Rettungsmaßnahmen sollte ein Notfall an die Revierzentrale gemeldet werden, dieser kann aber auch auf einem Kanal des Verkehrskreises Schiff-Schiff an andere Schiffe oder im Verkehrskreis Schiff-Hafen an die Hafenbehörde gerichtet werden.
Häufiger Sprechfunkfehler: Das vierte Mayday mit dem nachfolgenden Schiffsnamen und Rufzeichen wird oftmals vergessen zu sprechen, jedoch ist es für den Prüfungserfolg meistens unerlässlich.

2) Notmeldung bestätigen
Szenario: DLRG-Rettungsboot Thomas / DW7665 empfängt die Notmeldung von Corinna / DE 9437 und bestätigt den Empfang.
Bedienung der Funkanlage
Kanal 10, nur mit 1 W möglich, SQL betätigen. Sprechtaste drücken.
Sprechfunk
MAYDAY **Motoryacht Corinna / DE 9437** **This is** **DLRG-Rettungsboot Thomas / DW7665** **Received Mayday**

Hinweise
Im Verkehrskreis Nautische Informationen erfolgt die Bestätigung durch die ortsfeste Funkstelle, im Verkehrskreis Schiff-Schiff durch eine in der Nähe befindlichen Schiffsfunkstelle.

Wer die Notmeldung zuerst bestätigt, ist damit zunächst Koordinator im Notverkehr vor Ort und verantwortlich für die Abwicklung des Notverkehrs. Nur wer effektiv Hilfe leisten kann, darf eine empfangene Notmeldung bestätigen und muss direkt im Anschluss im Rahmen einer neuen Meldung Hilfe anbieten, siehe folgende Meldung Nr. 3.
Anstelle von "Erhalten Mayday" kann bei schlechter Verständigungsqualität, beispielsweise bei lauten Nebengeräuschen oder einer großen Distanz zwischen den beiden Funkstellen, auch die Phrase "Romeo Romeo Romeo Mayday" gesprochen werden.

3) Notverkehr abwickeln - Hilfe anbieten

Szenario: DLRG-Rettungsboot Thomas / DW7665 bietet direkt nach der Empfangsbestätigung Hilfe an und wird in 10 Minuten bei der Motoryacht Corinna / DE 9437 eintreffen.

Bedienung der Funkanlage

Kanal 10, nur mit 1 W möglich, SQL betätigen. Sprechtaste drücken.

Sprechfunk

MAYDAY
Motoryacht Corinna / DE 9437 (Havarist)
This is
DLRG-Rettungsboot Thomas / DW7665
Wir sind auf dem Weg zu Ihnen und beteiligen uns in 10 Minuten an der Suche nach der vermissten Person.
Bitte kommen (hier evtl. "Ende", falls keine Antwort erwartet wird)

Hinweise

Die Abwicklung des Notverkehrs betrifft nicht nur die oben beschriebene Meldung über eine konkrete Hilfeleistung, sondern auch den gesamten Folgefunkverkehr zwischen dem Koordinator und den Hilfe leistenden Schiffen oder auch weitere Informationen zum aktuellen Notverkehr von beteiligten Schiffen oder eine Meldung der Revierzentrale zum Notverkehr. Jedes Schiff, das in den Notverkehr involviert ist, wickelt diesen nach ein und demselben Schema ab:

MAYDAY
Adressat (z.B. Alle Schiffe, Revierzentrale oder ein Schiff)
This is
Eigene Funkstation (Schiff per Name und Rufzeichen oder eine Revierzentrale)
"Inhalt der Meldung"
Bitte kommen (oder. "Ende", falls keine Antwort erwartet wird)

Beispielsweise kann auch folgende Meldung von einem Schiff, das ursprünglich Hilfe angeboten hat, nach dem Muster der Notverkehrsabwicklung abgesetzt werden:

Mayday
All Stations
This is
Motoryacht Athene / DMJK
Ich kann mich doch nicht wie beabsichtigt an der Suche der vermissten Person beteiligen, da ich soeben einen Maschinenausfall erlitten habe.
Ende

4) Notruf Weiterleitung

Szenario: Tankschiff Sylvia / DS5439 empfängt um 11:05 Uhr folgende Meldung:

"MAYDAY, MAYDAY, MAYDAY
This is
Motorboot Scharfenberg, Scharfenberg, Scharfenberg / DIWI
MAYDAY
Scharfenberg / DIWI
Bei Rheinkilometer 424,50 zu Tal, ich wiederhole,
Rheinkilometer 424,50 zu Tal.
Kollision mit unbekanntem Gegenstand, Wassereinbruch, Schiff sinkt, 4 Personen an Bord. Benötige sofortige Hilfe. Bitte kommen "

Tankmotorschiff Sylvia ist nicht in der Lage Hilfe zu leisten und hat nach dem Notruf auch keinen weiteren Folgefunkverkehr wahrgenommen.

Bedienung der Funkanlage

Kanal 10, nur mit 1 W möglich, SQL betätigen. Sprechtaste drücken.

Sprechfunk

MAYDAY RELAY, MAYDAY RELAY, MAYDAY RELAY
All Stations, All Stations, All Stations
This is
Tankmotorschiff Sylvia, Sylvia, Sylvia / DS5439
Habe um 11:05 Uhr auf Kanal 10 folgende Meldung empfangen:

MAYDAY
Motorboot Scharfenberg / DIWI (Havarist)
Position Rheinkilometer 424,50 zu Tal, ich wiederhole,
Rheinkilometer 424,50 zu Tal.
Kollision mit unbekanntem Gegenstand, Wassereinbruch,
Schiff sinkt,
4 Personen an Bord.
Sofortige Hilfe wird angefordert.

Bitte kommen

Hinweise

Das Aussenden einer Notmeldung durch eine Funkstelle, die selbst nicht in Not ist, wird durch die dreimal zu sprechenden Zeichen „MAYDAY RELAY“ (gesprochen „mädeh reläh“) eingeleitet. Wenn nicht selbst Hilfe geleistet werden kann, man sich durch eine Hilfeleistung selbst in Gefahr bringen würde oder nach einer empfangenen Notmeldung nach einer kurzen Wartezeit kein Folgefunkverkehr mit Hilfeleistungen anderer Schiffe wahrgenommen wird, muss der Notfall weitergeleitet werden.

Die Weiterleitung ist auf Kanal 10 an alle Schiffe oder an die zuständige Revierzentrale über den jeweiligen Revierkanal möglich.

5) Notruf Weiterleitung eines beobachteten Notfalls

Szenario: Tankmotorschiff Britta / DB1298 fährt auf dem Main zu Tal, befindet sich 4 Kilometer vor der Mainmündung und beobachtet um 13.00 Uhr ca. 500 m recht achteraus einen Fallschirmspringer, der in den Main stürzt. Das Tankmotorschiff ist nicht in der Lage zu wenden und muss den Notfall melden.

Bedienung Funkanlage

Kanal 10, nur mit 1 W möglich, SQL betätigen. Sprechtaste drücken.

Sprechfunk

MAYDAY RELAY, MAYDAY RELAY, MAYDAY RELAY
All Stations, All Stations, All Stations
This is
Tankmotorschiff Britta, Britta, Britta / DB1298
Habe um 13:00 Uhr ca. 4 Kilometer vor der Mainmündung einen Fallschirmspringer zu Wasser gehen sehen.
Sofortige Hilfe für die Suche und Rettung erforderlich.
Ende

Hinweise

Sämtliche beobachtete Notfälle können nach dem Ermessen des Schiffsführers weitergeleitet werden. Auch dann, wenn die Distanz zum Verunglückten nicht weit erscheint und man vermutet, selbst effektiv Hilfe leisten zu können.

Auch mit den besten Absichten als Hilfeleistender ist man nie ganz sicher, wirklich beim Havaristen einzutreffen und Hilfe leisten zu können. Daher ist es von Vorteil, wenn man zuvor die Notfallbeobachtung weitergeleitet hat, so dass sich möglichst viele Schiffe in der Nähe an der Hilfeleistung beteiligen.

6) Notverkehr beenden

Szenario: Segelyacht Nina / DE4354 hatte ein Feuer an Bord und bereits eine Notmeldung per Funk abgesetzt. Zum Glück konnte das Feuer aus eigener Kraft wieder gelöscht werden, so dass doch keine externe Hilfe erforderlich ist. Es ist 13.10 Uhr.

Bedienung der Funkanlage

Kanal 10, nur mit 1 W möglich, SQL betätigen. Sprechtaste drücken.

Sprechfunk

MAYDAY
All Stations, All Stations, All Stations
This is
Segelyacht Nina, Nina, Nina / DE4354
13.10 Uhr
Nina / DE4354 (Havarist)
Silence Fini (ausgesprochen „ßilaanß finih")

Hinweise

Nach Beendigung der Notfall-Maßnahmen müssen alle Funkstellen informiert werden, dass der Notverkehr beendet ist. Dazu wird die oben beschriebene Meldung mit der Schlüsselphrase „**SILENCE FINI**" ausgesendet. Wenn wie im erwähnten Beispiel der Havarist selbst die Notmeldung beendet, wird sein Name in zwei Zeilen erwähnt, und zwar vor- und nach der Uhrzeit. So wissen alle Funker, die den Aufbau der Meldung noch kennen, dass sich der Havarist selbst aus der Notfalllage befreien konnte.

7) Funkstille gebieten - Störung im Notverkehr

Szenario: Das DLRG-Rettungsboot Tom / DD4457 nimmt als Koordinator im Notverkehr mehrere Störungen von nicht identifizierten Schiffen wahr.

Bedienung der Funkanlage

Kanal 10, nur mit 1 W möglich, SQL betätigen. Sprechtaste drücken.

Sprechfunk

All Stations (störendes Schiff oder an alle Schiffsfunkstellen)
Silence Mayday (ausgesprochen „ßilaanß mädeh")

Hinweise

Alle Funkstellen, die nicht am Notverkehr teilnehmen, auch nicht selbst in Not sind, dürfen bis zur Beendigung des Notverkehrs nicht auf den Kanälen senden, auf denen ein Notverkehr abgewickelt wird. Sie müssen Funkstille wahren. Wird der Notverkehr gestört, so dürfen der Koordinator des Notverkehrs (Revierzentrale oder Schiff) und der Havarist selbst den Funkstellen, die den Notverkehr stören, Funkstille mit der Phrase

"Silence Mayday" auferlegen.
Silence Mayday wird wie „ßilaanß mädeh" ausgesprochen.

Dringlichkeitsverkehr

8) Dringlichkeitsmeldung
Szenario: Motorboot Priwall / DC9954, bei Neckarkilometer 48, hat einen Maschinenschaden und benötigt Schlepphilfe.
Bedienung der Funkanlage
Kanal 10, nur mit 1 W möglich, SQL betätigen. Sprechtaste drücken.
Sprechfunk
Pan Pan, Pan Pan, Pan Pan **All Stations, All Stations, All Stations** **This is** **Motorboot Priwall, Priwall, Priwall / DC9954** **Neckarkilometer 48, habe einen Maschinenschaden und benötige Schlepphilfe.** **Bitte kommen**

Hinweise

Eine Dringlichkeitsmeldung dient der Übermittlung von Nachrichten, welche die Sicherheit der Besatzung oder des Schiffes betreffen, wie z.B. Krankheiten, die keine Lebensgefahr darstellen oder Schäden an Schiffen, von denen keine unmittelbare Gefahr ausgeht. Die Situation, die die Abgabe einer Dringlichkeitsmeldung versursacht, ist weniger problematisch als eine Situation, in der wegen einer unmittelbaren Gefahr für Leib und Leben der Schiffsbesatzung eine Notfallmeldung abgegeben werden müsste.

9) Antwort auf eine Dringlichkeitsmeldung
Das Schiff Athene / DMJK bietet in 10 Minuten Schlepphilfe an.
Pan Pan **Priwall / DC9954** **This is** **Athene / DMJK** **Ich werde in 10 Minuten Schlepphilfe leisten.** **Bitte kommen**

Hinweise

Falls sich auf die Anfrage nach Schlepphilfe auf Kanal 10 kein anderes Schiff meldet und niemand Hilfe leisten kann, wird im Handbuch Binnenschifffahrtsfunk der Kanal der nächsten Schleuse in Erfahrung gebracht, so dass auf diesem Schleusenfunkkanal die Dringlichkeitsmeldung direkt an die Revierzentrale übermittelt werden kann. Das ist möglich, da die Revierzentralen die Schleusenfunkkanäle automatisch mitabhören. In diesem Fall wird die Meldung nicht an alle Schiffsfunkstellen adressiert, sondern direkt dreimal an beispielsweise "Minden Revierzentrale" abgesetzt.

Sicherheitsverkehr

10) Sicherheitsmeldung

Szenario: Motoryacht Max / DB9314, sichtet in Berlin im Pichelsdorfer Gemünd ein großes treibendes Metallfass, welches kaum sichtbar ist.

Bedienung der Funkanlage

Kanal 10, nur mit 1 W möglich, SQL betätigen. Sprechtaste drücken.

Sprechfunk

Securité, Securité , Securité
All Stations, All Stations, All Stations
This is
Motoryacht Max, Max, Max / DB9314
Position Berlin, Pichelsdorfer Gemünd. Habe soeben ein großes, kaum sichtbares, treibendes Metallfass beobachtet.
Gefährlich für die Schifffahrt.
Ende

Hinweise

Eine Nachricht wird als Sicherheitsmeldung ausgesendet, wenn sie eine wichtige nautische Warnnachricht oder eine wichtige Wetterwarnung enthält. Die Sicherheitsmeldung wird präventiv eingesetzt, um andere Schiffe im Revier zu warnen. Ist beispielsweise ein Schiff gesunken, fällt ein Leuchtfeuer aus oder hat sich eine Tonne losgerissen, wird eine Sicherheitsmeldung abgegeben wie auch bei einem nicht vorhergesagten, plötzliche auftretenden Sturm oder Gewitter.

Für die Schifffahrt sicherheitsrelevante Meldungen sollten nicht nur auf Kanal 10 an umliegende Schiffe, sondern auch an die nächstgelegene Revierzentrale übermittelt werden, damit diese auf die Gefahr in ihren nautischen Warnnachrichten hinweisen kann. Dafür wird im Handbuch Binnenschifffahrtsfunk der Kanal der nächsten Schleuse herausgesucht, so dass auf diesem die Meldung direkt an die Revierzentrale übermittelt werden kann. Die Meldung wird dabei dreimal an beispielsweise "Minden Revierzentrale" adressiert.

Der Name der Schleuse wird nicht erwähnt, die Revierzentrale hört den Schleusenfunkkanal mit ab. Die Schleuse kann auch aus größerer Distanz erreicht werden, da die Kanäle des Nautischen Informationsfunks alle mit 25 Watt nutzbar sind. Aufgrund der höheren Sendeleistung wird eine größere Reichweite erzielt.

Routinefunkverkehr

11) Routinefunkverkehr

Szenario: Motoryacht Priwall / DBHK, möchte ein Gespräch mit Motorboot Athene / DMJK führen, um einen Treffpunkt im nächten Hafen zu vereinbaren.

Bedienung der Funkanlage

Gesprächsanmeldung auf Kanal 10, 1 W, SQL betätigen. Sprechtaste drücken.

Sprechfunk (Reihenfolge 1 bis 8)

Eigenes Schiff auf Kanal 10	Gesprächspartner auf Kanal 10
1) Motorboot Athene Athene Athene / DMJK This is Motoryacht Priwall Priwall Priwall / DBHK Bitte kommen	**2)** Priwall / DBHK This is Athene / DMJK Ich höre Bitte kommen
3) Athene / DMJK This is Priwall / DBHK Bitte wechseln Sie auf Kanal 77 Bitte kommen	**4)** Priwall / DBHK This is Athene / DMJK Verstanden, gehe auf Kanal 77 Ende (da letzte Meldung Kanal 10)

Eigenes Schiff auf Kanal 72	Gesprächspartner auf Kanal 72
5) Athene / DMJK This is Priwall / DBHK Bitte kommen	**6)** Priwall / DBHK This is Athene / DMJK Ich höre Bitte kommen
7) Athene / DMJK This is Priwall / DBHK Ich schlage ein Treffen im Hafen "XY" um 14:00 Uhr vor. Bitte kommen	**8)** usw...

Falls der Gesprächspartner auf Kanal 10 nicht erreichbar ist, sollte der Ruf frühestens nach 2 Minuten wiederholt werden.

12) Routinefunkverkehr mit einer Schleuse

Szenario: Motoryacht Priwall / DC9954, möchte in Berlin Spandau zu Berg geschleust werden und sich dafür per Sprechfunk anmelden.

Bedienung der Funkanlage

Kanal 23 laut Handbuch Binnenschifffahrtsfunk, je nach Entfernung 1 W oder 25 W, SQL betätigen. Sprechtaste drücken.

Sprechfunk

Spandau Schleuse (Schleuse, Revierzentrale oder andere ortsfeste Funkstelle)
This is
Motoryacht Priwall / DC9954
Ich möchte in Kürze zu Berg geschleust werden. Distanz ca. 1 km vor der Schleuse.
Bitte kommen

Hinweise

Eine ortsfeste Funkstelle wird beispielsweise als "**Spandau Schleuse**" oder **"Minden Revierzentrale"** angesprochen. Erst wird zuerst der Ortsname genannt, danach die Funktion. Falsch wäre die Reihenfolge "**Schleuse Spandau**".

Die ortsfesten Funkstellen sind nur über die Schleusen- und Revierkanäle erreichbar. Diese stehen als blaue Hinweistafeln am Ufer sowie im Handbuch Binnenschifffahrtsfunk. Deshalb müssen die fürs Fahrgebiet relevanten regionalen Teile des Handbuchs stets an Bord mitgeführt werden.

Sind die Schilder **rot umrahmt**, so ist es eine Pflicht den dort erwähnten Kanal einzuschalten. Ist dies mangels einer Funkanlage an Bord nicht möglich, so ist auch die Weiterfahrt ab dem Schild nicht möglich. Es wirkt wie ein Durchfahrtsverbotschild für alle Schiffe ohne Funk.

Übersicht der Sprechfunkverfahren

Notverkehr Distress	Bestätigung Notmeldung	Abwicklung Notverkehr	Notruf Weiterleitung	Beendigung Notverkehr	Funkstille gebieten
Sprechfunk	**Sprechfunk**	**Sprechfunk**	**Sprechfunk**	**Sprechfunk**	**Sprechfunk**
Mayday Mayday Mayday	1x Mayday	1x Mayday	Mayday Relay Mayday Relay Mayday Relay	1x Mayday	
	1x Schiffstyp 1x Name 1x Rufzeichen (Havarist)	1x Name 1x Rufzeichen	All Stations All Stations All Stations	All Stations All Stations All Stations	1x Name 1x Rufzeichen (der störenden Station)
This is	This is	This is	This is	This is	oder
3x Schiffstyp, Name 1x Rufzeichen	1x Schiffstyp 1x Name 1x Rufzeichen	3x Schiffstyp, Name 1x Rufzeichen	3x Schiffstyp, Name 1x Rufzeichen	3x Schiffstyp, Name 1x Rufzeichen	1x All Stations
1x Mayday 1x Name 1x Rufzeichen			Um ___ Uhr folgende Meldung auf Kanal _ _ empfangen		
Position nach Flußkilometerangabe zu Berg od. zu Tal Ursache, Hilfeleistung, weitere Infos		„Meldung" z.B. Hilfe anbieten.	"1x Mayday, 1x Name 1x Rufzeichen 1x Position, Ursache, Hilfeleistung"	"Aktuelle Uhrzeit"	
			oder folgendes beobachtet	1x Name 1x Rufzeichen (Havarist)	
Bitte kommen	Received MAYDAY	Ende	Ende	SILENCE FINI	SILENCE MAYDAY

Dringlichkeits-meldung	Antwort auf Dringlichkeitsmeldung	Sicherheitsmeldung	Schiff-Schiff Routineverkehr Kanal 72/77	Routineverkehr mit Revierzentrale
Sprechfunk	**Sprechfunk**	**Sprechfunk**	**Sprechfunk**	**Sprechfunk**
3x Pan Pan	Pan Pan	3x Securite		
3x All Stations oder 3x Ortsfeste Funkstelle	1x Name 1x Rufzeichen (Adressat)	3x All Stations oder 3x Ortsfeste Funkstelle	3x Name 1x Rufzeichen (Adressat)	1x Minden Revierzentrale (Adressat)
This is	This is	This is	This is	This is
3x Schiffstyp, Name 1x Rufzeichen	1x Name 1x Rufzeichen	3x Schiffstyp, Name 1x Rufzeichen	3x Schiffstyp, Name 1x Rufzeichen	1x Schiffstyp 2x Name 1x Rufzeichen
Meldung	Hilfeleistung z.B.: Schlepphilfe anbieten	Position, Meldung,	Meldung	Meldung
Bitte kommen	Bitte kommen	Ende	Bitte kommen	Bitte kommen

Abschluss der Meldungen mit
Bitte kommen = Antwort wird erwartet.
Ende = keine Antwort erforderlich, Meldung hatte nur informativen Charakter.

Der Schiffstyp kann immer vor dem Schiffsnamen angegeben werden.

Download der Verfahren DIN-A4 Übersicht:
www.nautik-funk-berlin.de/Download/binnenschifffahrtsfunk-sprechfunkvorlagen.pdf

Aufgaben für Audiodateien (MP3)

1.	Segelyacht Intention/DW8715 ist um 13.00 Uhr bei Neckarkilometer 48 zu Tal gegen ein Fass gefahren und Leck geschlagen. Der Wassereinbruch ist nicht mehr zu stoppen.
2.	Motorboot Priwall/DC9954 kann in 10 min vor Ort sein und die Personen in Not aufnehmen.
3.	Fünf Minuten später fällt die Maschine von Priwall/DC9954 aus, so dass doch keine Hilfe geleistet werden kann und der Notruf von 13.00 Uhr weitergeleitet werden muss.
4.	Motorboot Stornoway/DEHO ist Koordinator während eines Notverkehrs und nimmt eine Störung von mehreren Schiffen wahr.
5.	Motorboot Priwall/DC9954 beendet den Notverkehr der Segelyacht Intention/DW8715 um 14.15 Uhr.
6.	Gütermotorschiff Mara/DH4567 erbittet ärztliche Hilfe für einen leicht verletzten Matrosen. Position zu Tal bei Rheinkilometer 789,50. Die Meldung geht an Duisburg Revierzentrale auf Kanal 22.
7.	Duisburg Revierzentrale antwortet Mara/DH4567 und schickt einen Krankenwagen ans linke Ufer, der in 10 Minuten eintreffen wird.
8.	Motoryacht Catahrina/DU8735, sichtet bei Neckarkilometer 48 einen großen treibenden Baumstamm.
9.	Tankmotorschiff Sylvia/DS5439, zu Berg fahrend, ruft die Schleuse Spandau (Kanal 23), um zu erfahren, ob die Einfahrt in den Schleusenvorhafen frei ist. Die Distanz zur Schleuse beträgt 4 km.
10.	Segelyacht Wattwurm/DP8870 steht bei der Insel Lindwerder in der Flaute und möchte eine nahende Motoryacht (Peruvian/DYXZ) mit blauem Rumpf und weissem Deck um Schlepphilfe bitten.

Link zum Download der gesamten gesprochenen Lösungen:
www.nautik-funk-berlin.de/Download/funk.zip

20. Fragenkatalog SRC

Richtig ist hier immer die erste Antwort **„a“**

1. „Mobiler Seefunkdienst“ ist mobiler Funkdienst ...

a) zwischen Küstenfunkstellen und Seefunkstellen bzw. zwischen Seefunkstellen untereinander
b) zwischen tragbaren Funkstellen an Bord eines Seefahrzeuges
c) ausschließlich zwischen Seefunkstellen
d) zwischen Funkstellen, für die keine Zuteilung (Ship Station Licence) notwendig ist

2. Welche Funktion hat das „GMDSS“ (Global Maritime Distress and Safety System)?

a) Hilfe in Seenotfällen und Sicherung der Schifffahrt durch schnelle und genaue Alarmierung im Seenotfall
b) Koordinierung der Alarmierung von Seefunkstellen im Seenotfall
c) Positionsbestimmung des Havaristen durch geostationäre Satelliten
d) Störungsfreier Funkverkehr im Seenotfall

3. Zu welchem Zweck wurde das Weltweite Seenot- und Sicherheitsfunksystem (GMDSS) eingeführt?

a) Schnelle und genaue Alarmierung in Not-, Dringlichkeits- und Sicherheitsfällen
b) Schnelle Alarmierung nur in Notfällen
c) Schnelle und genaue Alarmierung in Not- und Dringlichkeitsfällen
d) Schnelle und genaue Alarmierung in Not- und Sicherheitsfällen

4. Welche Aufgaben hat die Internationale Fernmeldeunion (International Telecommunication Union [ITU])?

a) Die Internationale Fernmeldeunion (ITU) legt die grundlegenden Regelungen für die internationale Telekommunikation fest
b) Die Internationale Fernmeldeunion (ITU) legt für alle Nationen der UN, die weltweit Seeschifffahrt betreiben, die Mindeststandards hinsichtlich der Funkausrüstung von Seeschiffen fest
c) Die Internationale Fernmeldeunion (ITU) führt als internationale Verkehrsbehörde weltweit die Überwachung des Funkverkehrs durch
d) Die Internationale Fernmeldeunion (ITU) rechnet die Gebühren von weltweiten Seefunkgesprächen ab

5. Was regelt die Vollzugsordnung für den Funkdienst (VO Funk, engl. Radio Regulations [RR])?

a) Die Vollzugsordnung für den Funkdienst (RR) regelt u. a. die Zuweisung von Frequenzbereichen an die Funkdienste und die Betriebsverfahren im Seefunkdienst
b) Die Vollzugsordnung für den Funkdienst (RR) regelt die Ausrüstung von Seeschiffen bezüglich der Funkeinrichtung
c) Die Vollzugsordnung für den Funkdienst (RR) regelt den freien Funkverkehr zwischen den Seefahrt betreibenden Nationen
d) Die Vollzugsordnung für den Funkdienst (RR) regelt die Benutzung von Radaranlagen auf Seeschiffen auf See und in Häfen.

6. Welche Publikationen des Bundesamtes für Seeschifffahrt und Hydrographie (BSH) enthalten speziell für die Sportschifffahrt Informationen zum Seefunk?

a) Funkdienst für die Klein- und Sportschifffahrt
b) Nautisches Jahrbuch
c) Nachrichten für Seefahrer

d) Mitteilungen für Seefunkstellen und Schiffsfunkstellen

7. Was ist eine „Küstenfunkstelle"?

a) Ortsfeste Funkstelle des mobilen Seefunkdienstes

b) Funkstelle an Bord eines Schiffes im Küstenbereich, über die wichtige Informationen für die Seeschifffahrt verbreitet werden

c) Funkstelle des Rundfunkdienstes zur Übermittlung von Wetternachrichten für die Schifffahrt

d) Funkstelle an Bord eines Schiffes für den Empfang von Funkgesprächen aus dem Mobilfunknetz

8. Was bedeutet „öffentlicher Funkverkehr"?

a) Funkverkehr, der der Allgemeinheit zum Austausch von Nachrichten dient

b) Funkverkehr, der im Gegensatz zum Nichtöffentlichen Funkverkehr unverschlüsselt abgewickelt wird

c) Funkverkehr, der von jeder Seefunkstelle abgehört werden muss

d) Funkverkehr, der nicht dem Fernmeldegeheimnis und dem Abhörverbot unterliegt

9. Für die Teilnahme am öffentlichen Funkverkehr ist – im Gegensatz zur Teilnahme am Nicht-öffentlichen Funkverkehr – zusätzlich erforderlich …

a) Vertrag mit einer Abrechnungsgesellschaft

b) Besitz eines Seefunkzeugnisses

c) Zulassung des Funkgeräts

d) Zuteilung (Ship Station Licence)

10. Wodurch erfährt eine Seefunkstelle von einer Küstenfunkstelle, dass dort Nachrichten für sie vorliegen?

a) Individuelle Benachrichtigung oder Abhören von Sammelanrufen

b) Individuelle Benachrichtigung durch die Abrechnungsgesellschaft

c) Individuelle Benachrichtigung mittels SMS oder E-Mail

d) Öffentliche Benachrichtigung mittels NAVTEX

11. Was sind die Abrechnungsgrundlagen für ein Seefunkgespräch über eine deutsche Küstenfunkstelle?

a) Gesprächsdauer und Preis der Verrechnungseinheiten

b) Gesprächsdauer und Entfernung zur Küstenfunkstelle

c) Gesprächsdauer und Frequenznutzungsgebühren

d) Gesprächsdauer und Dringlichkeit des Gesprächs

12. Was ist eine „Sea-Area" im GMDSS?

a) Festgelegtes Seegebiet

b) International festgelegtes Seewarngebiet

c) Im NAVTEX bestimmtes Seegebiet

d) Weltweites Raster zum schnellen Auffinden von verunglückten Fahrzeugen

13. Welche Bezeichnungen tragen die Seegebiete, in denen für Schiffe eine bestimmte Funkausrüstung international vorgeschrieben ist?

a) A1, A2, A3, A4

b) A, B, C, D

c) NAVAREAS

d) Küstengewässer, küstennahe Seegewässer, Hohe See

14. Eine Yacht befindet sich in einem Seegebiet, das von der Sprechfunkreichweite einer UKW-Küstenfunkstelle abgedeckt wird, die ununterbrochen für DSC-Alarmierungen zur Verfügung steht. In welchem Seegebiet befindet sich das Fahrzeug?

a) Seegebiet A1
b) Seegebiet A2
c) Seegebiet A3
d) Seegebiet A4

15. Welches sind die satellitengestützten Alarmierungssysteme im Weltweiten Seenot- und Sicherheitsfunksystem (GMDSS)?

a) COSPAS-SARSAT, Inmarsat
b) Eutelsat, Globalstar
c) EPIRB, AIS
d) DSC, COSPAS-SARSAT

16. Was wird als „MSI“ bezeichnet?

a) Nachricht, die die Sicherheit der Seeschifffahrt betrifft
b) Rufnummer im Seefunkdienst (Maritime Mobile Service Identity)
c) Mittlere Signalstärke des modulierten Eingangssignals
d) Landeskennung einer Seefunkstelle

17. Welche Aussendung wird als „WX" bezeichnet?

a) Wetterbericht
b) Nautische Warnnachricht
c) Aussendung, die zurückgenommen wurde
d) Funktelexaussendung im GMDSS

18. Welche Aussendung wird als „NX" bezeichnet?

a) Nautische Warnnachricht
b) Wetterbericht
c) Aussendung, die zurückgenommen wurde
d) Funktelexaussendung im GMDSS

19. Was versteht man unter „AIS“?

a) Automatisches Schiffsidentifizierungs- und Überwachungssystem, das statische und dynamische Schiffsdaten auf UKW überträgt
b) Automatische Aussendung der Kennung eines Seeschiffes jede Minute bzw. beim Loslassen der Sprechtaste
c) Allgemeines Informationssystem für die Seeschifffahrt
d) Identifizierung eines Schiffes mit Hilfe von Radarpeilungen und deren Weitergabe an die Schifffahrt zur Kollisionsverhütung

20. Was bedeutet „ETA“?

a) Voraussichtliche Ankunftszeit
b) Voraussichtliche Abfahrtszeit
c) Voraussichtliche Gesamtfahrtzeit
d) Voraussichtliche Restfahrtzeit

21. Wonach richten sich die Zeitangaben im Seefunkdienst?

a) Koordinierte Weltzeit (Universal Time Co-ordinated [UTC])
b) Bordzeit, berichtigt nach Sommer- oder Winterzeit
c) Greenwich-Zeit (Greenwich Mean Time [GMT])

d) Ortszeit, bezogen auf den Standort des Schiffes (Local Time [LT])

22. Welche Bedeutung hat die Zeitangabe „LT“ (Local Time)?
a) Ortszeit, bezogen auf den Standort des Schiffes
b) Zeitzone entsprechend der geografischen Breite des Schiffsortes
c) Zeit, die bei Funkaussendungen in einem bestimmten Seegebiet zu verwenden ist
d) Zeit, die automatisch durch ein an die Funkanlage angeschlossenes GPS-Gerät übermittelt wird

23. Wie bezeichnet man ein funkärztliches Beratungsgespräch?
a) Medico-Gespräch
b) Emergency-Gespräch
c) Medical-Transport-Gespräch
d) Erste-Hilfe-Gespräch

Funkeinrichtungen und Seefunkstellen

24. Was ist eine „Seefunkstelle“?
a) Funkstelle des mobilen Seefunkdienstes an Bord eines nicht dauernd verankerten Seefahrzeuges
b) Typgeprüfte Funkstelle, die kein ATIS-Signal aussendet
c) Seefunkgerät samt Antenne, das im UKW- bzw. Grenz- und Kurzwellenbereich betrieben wird
d) Funkstelle, die am GMDSS teilnehmen darf

25. Welches Funkzeugnis ist auf einem mit einer Seefunkanlage ausgerüsteten Sportfahrzeug unter deutscher Flagge für den Schiffsführer vorgeschrieben?
a) Ein Funkzeugnis, das zum Bedienen der eingebauten Anlage berechtigt, z. B. SRC oder LRC
b) Ein SRC bis zur Grenze der Hoheitsgewässer, darüber hinaus ein LRC
c) Keines, es genügt, wenn eine Person an Bord ist, die die Funkanlage bedienen darf
d) Für die Bedienung einer Grenz-/Kurzwellenanlage ist das LRC vorgeschrieben, für die Bedienung einer UKW-Anlage zusätzlich das SRC

26. Welche Funkanlagen darf der Inhaber eines Beschränkt Gültigen Funkbetriebszeugnisses (Short Range Certificate [SRC]) bedienen?
a) UKW-Funkanlagen im Seefunkdienst auf nicht funkausrüstungspflichtigen Fahrzeugen und auf Traditionsschiffen
b) UKW-Funkanlagen für See- und Luftfunkstellen
c) UKW-Funkanlagen auf Sportbooten im Seefunkdienst und Binnenschifffahrtsfunk
d) UKW-Funkanlagen auf funkausrüstungspflichtigen und nicht funkausrüstungspflichtigen Seeschiffen

27. Welche Sportboote müssen mit einer UKW-Seefunkanlage ausgerüstet sein?
a) Gewerbsmäßig genutzte Sportboote mit einer Länge über alles von 12 m und mehr
b) Sportboote mit einer Länge über alles von 12 m und mehr
c) Sportboote mit einer Antriebsmaschine von 3,68 kW und mehr
d) Gewerbsmäßig genutzte Sportboote mit einer Antriebsmaschine von 3,68 kW und mehr

28. Welche rechtlichen Voraussetzungen sind für den Betrieb einer Seefunkstelle auf einem Sportfahrzeug und einem Traditionsschiff zu erfüllen?

a) Zuteilung (Ship Station Licence), für den Seefunkdienst zugelassene oder in Verkehr gebrachte Funkgeräte, ausreichendes Seefunkzeugnis des Fahrzeugführers
b) Zuteilung (Ship Station Licence), ausreichendes Seefunkzeugnis und Sportbootführerschein des Fahrzeugführers
c) Zuteilung (Ship Station Licence), ausreichendes Seefunkzeugnis einer Person an Bord
d) Zuteilung (Ship Station Licence), für den Seefunkdienst zugelassene oder in Verkehr gebrachte Funkgeräte, Sportbootführerschein

29. Welche Urkunde und welcher Befähigungsnachweis müssen bei der Überprüfung einer Seefunkstelle auf einem Sportfahrzeug dem Prüfbeamten auf Verlangen vorgelegt werden?
a) Zuteilung (Ship Station Licence) und Seefunkzeugnis des Fahrzeugführers
b) Zuteilung (Ship Station Licence) und Sportbootführerschein des Fahrzeugführers
c) Seefunkzeugnis eines Besatzungsmitgliedes und Internationaler Bootsschein (IBS)
d) Seefunkzeugnis des Fahrzeugführers und Eigentumsnachweis

30. Die Urkunde über die Zuteilung (Ship Station Licence) zum Betreiben einer Seefunkstelle wird in Deutschland ausgestellt durch ...
a) die Bundesnetzagentur (BNetzA), Außenstelle Hamburg
b) die Bundesnetzagentur (BNetzA), Außenstelle Mülheim an der Ruhr
c) das Bundesamt für Seeschifffahrt und Hydrographie (BSH), Rostock
d) das Wasser- und Schifffahrtsamt, Hamburg

31. Welche Urkunde für die Seefunkstelle muss auf einem Sportfahrzeug mitgeführt werden?
a) Zuteilungsurkunde (Ship Station Licence) (im Original)
b) Zuteilungsurkunde (Ship Station Licence) (in Kopie)
c) Gerätezulassungsurkunde (im Original)
d) Gerätezulassungsurkunde (in Kopie)

32. Was und zu welchem Zweck muss ein Schiffseigner bei Änderung des Schiffsnamens in Bezug auf seine Seefunkstelle veranlassen?
a) Namensänderung der Bundesnetzagentur schriftlich mitteilen zwecks Änderung seiner Zuteilung (Ship Station Licence)
b) Namensänderung dem Bundesamt für Seeschifffahrt und Hydrographie schriftlich mitteilen zwecks Änderung der Gerätezulassungsurkunde
c) Namensänderung dem Wasser- und Schifffahrtsamt, Hamburg schriftlich mitteilen zwecks Änderung des Kennzeichenausweises
d) Namensänderung der Zentralen Verwaltungsstelle schriftlich mitteilen zwecks Änderung des Kennzeichenausweise

33. Was muss ein Schiffseigner beim Austausch der UKW-Sprechfunkanlage gegen eine UKW-GMDSS-Funkanlage veranlassen?
a) Schriftliche Mitteilung über die Umrüstung an die Bundesnetzagentur
b) Schriftliche Mitteilung über die Umrüstung an das Bundesamt für Seeschifffahrt und Hydrographie
c) Schriftliche Mitteilung über die Umrüstung an das Amtsgericht
d) Schriftliche Mitteilung über die Umrüstung an die Zentrale Verwaltungsstelle

34. Was ist beim Kauf eines UKW-Sprechfunkgeräts für den Seefunkdienst oder eines UKW-GMDSS-Funkgeräts zu beachten?
a) Das Funkgerät muss für den Seefunkdienst zugelassen oder in Verkehr gebracht worden sein

b) Das Funkgerät muss funktionsfähig und TÜV-geprüft sein
c) Das Funkgerät muss eine NAVTEX-Schnittstelle aufweisen oder Wetterberichte empfangen können
d) Das Funkgerät muss von der Dienststelle Schiffssicherheit der Berufsgenossenschaft Verkehrswirtschaft Post-Logistik Telekommunikation (BG Verkehr) für Sportboote zugelassen sein

35. Wer stellt in Deutschland Funksicherheitszeugnisse für Sportboote aus, die gewerbsmäßig genutzt werden?
a) Dienststelle Schiffssicherheit der Berufsgenossenschaft Verkehrswirtschaft Post-Logistik Telekommunikation (BG Verkehr)
b) Bundesamt für Seeschifffahrt und Hydrographie (BSH)
c) Wasser- und Schifffahrtsverwaltung (WSV)
d) Bundesnetzagentur (BNetzA)

36. Ein Sportboot von 12 Meter Länge und mehr benötigt ein Funksicherheitszeugnis...
a) bei gewerbsmäßiger Nutzung
b) bei Regattateilnahme
c) bei Auslandsfahrten und in internationalen Gewässern
d) in jedem Fall

37. Welche Sendeleistungen lassen sich bei einer fest installierten UKW-Seefunkanlage schalten?
a) 1 Watt oder maximal 25 Watt
b) 25 Watt oder maximal 50 Watt
c) 0,1 Watt oder maximal 2,5 Watt
d) 1 Watt oder maximal 12 Watt

38. Welche Behörde erteilt in Deutschland sechsstellige Rufzeichen für Seefunkstellen?
a) Bundesnetzagentur (BNetzA), Außenstelle Hamburg
b) Bundesnetzagentur (BNetzA), Außenstelle Mülheim an der Ruhr
c) Bundesamt für Seeschifffahrt und Hydrographie (BSH), Hamburg
d) Wasser- und Schifffahrtsamt (WSA), Hamburg

39. Welche Behörden in Deutschland sind berechtigt, die Funktionsfähigkeit von Seefunkstellen zu überprüfen?
a) Bundesnetzagentur (BNetzA) und Bundesamt für Seeschifffahrt und Hydrographie (BSH)
b) Wasser- und Schifffahrtsdirektionen
c) Wasserschutzpolizeibehörden der Küstenländer
d) Hafenbehörden in den Seehäfen

40. Welche Behörde teilt einer in das Seeschiffsregister eingetragenen Yacht das mindestens vierstellige Unterscheidungssignal zu?
a) Seeschiffsregister des zuständigen Amtsgerichts
b) Wasser- und Schifffahrtsverwaltung (WSV)
c) Bundesnetzagentur (BNetzA)
d) Bundesamt für Seeschifffahrt und Hydrographie (BSH)

41. Welche Art von Funkstelle hat z. B. das Rufzeichen „DDTW"?
a) Seefunkstelle an Bord eines deutschen Schiffes, eingetragen in einem Seeschiffsregister
b) Küstenfunkstelle des Schiffsmeldedienstes (SMD)
c) Funkstelle des Nichtöffentlichen Funkdienstes

d) Funkstelle an Bord eines SAR-Hubschraubers

42. Das Abhörverbot und das Fernmeldegeheimnis sind geregelt...
a) im Telekommunikationsgesetz (TKG)
b) in der Vollzugsordnung für den Funkdienst (VO Funk)/in den Radio Regulations (RR)
c) in der Schiffssicherheitsverordnung (SchSV)
d) im Gesetz über Funkanlagen und Telekommunikationseinrichtungen (FTEG)

43. Wer ist beim Betrieb einer Seefunkstelle auf einem Sportboot zur Wahrung des Fernmeldegeheimnisses und des Abhörverbots verpflichtet?
a) Alle Personen, die eine Seefunkstelle beaufsichtigen, bedienen oder Kenntnis über öffentlichen Nachrichtenaustausch erlangt haben
b) Alle Personen, die ständig an Bord sind
c) Alle Personen, die das Funkgerät bedienen können
d) Alle Personen, die vom Schiffsführer ausdrücklich dazu verpflichtet worden sind

44. Welche Nachrichten dürfen uneingeschränkt aufgenommen und verbreitet werden?
a) Aussendungen, die „An alle Funkstellen“ gerichtet sind
b) Aussendungen, die von allgemeinem Interesse sind
c) Aussendungen im öffentlichen Seefunkdienst
d) Aussendungen im Seefunkdienst dürfen uneingeschränkt aufgenommen und verbreitet werden

45. Wenn ein Funkgerät ordnungsgemäß in Verkehr gebracht worden ist, trägt es...
a) das CE-Zeichen
b) eine Seriennummer
c) das GS-Prüfzeichen
d) das VDE-Prüfzeichen

46. Zur Teilnahme am Binnenschifffahrtsfunk muss eine Seefunkstelle...
a) mit einer umschaltbaren „Kombi—Anlage für Seefunkdienst und Binnenschifffahrtsfunk“ oder einer zusätzlichen Sprechfunkanlage für den Binnenschifffahrtsfunk ausgerüstet werden
b) mit einer weiteren Seefunkanlage ausgerüstet werden
c) nicht geändert werden
d) mit der MMSI auch eine ATIS-Kennung aussenden

47. Das Seefunkgerät nimmt bei Empfang einen Strom von 0,5 Ampere auf. Wie lange kann das Funkgerät im Empfangsbetrieb an einer Batterie ohne Nachladen überschlägig betrieben werden, wenn die Kapazität 60 Amperestunden beträgt?
a) 120 Stunden
b) 30 Stunden
c) 60 Stunden
d) 90 Stunden

48. Welche Auswirkung auf die Betriebsdauer einer Batterie hat der Sendebetrieb einer Seefunkanlage im Vergleich zum Empfangsbetrieb?
a) Betriebsdauer wird verkürzt
b) Betriebsdauer wird halbiert
c) Betriebsdauer wird verlängert
d) Betriebsdauer bleibt gleich

49. Wie hoch ist die mittlere Stromaufnahme einer UKW-Seefunkanlage im Empfangsbetrieb?

a) Je nach Anlage zwischen 0,3 A und 1 A
b) Je nach Anlage zwischen 0,1 A und 0,2 A
c) Je nach Anlage zwischen 1 A und 2 A
d) Je nach Anlage zwischen 2 A und 3 A

50. Wie hoch ist die mittlere Stromaufnahme einer UKW-Seefunkanlage im Sendebetrieb bei 25 Watt Sendeleistung?

a) Zwischen 4 und 8 Ampere
b) Zwischen 1 und 2 Ampere
c) Zwischen 2 und 3 Ampere
d) Zwischen 10 und 12 Ampere

51. Wozu dient am UKW-Gerät die Rauschsperre (Squelch)?

a) Der Lautsprecher des Empfängers wird nur ab einem Mindest-Empfangssignalpegel aktiviert
b) Das Rauschen kann stufenlos auf einen angenehmen Wert eingestellt werden
c) Die Rauschsperre verbessert die Wiedergabe von schwachen Empfangssignalen
d) Der Lautsprecher des Empfängers wird nur beim Empfang von Notsignalen aktiviert

52. Welche Eigenschaften des „GPS“ sind für eine GMDSS-Funkanlage von besonderer Bedeutung?

a) Mit Hilfe von GPS kann die genaue Position des Fahrzeugs bestimmt und übermittelt werden. Ebenso kann die genaue Zeit bestimmt werden
b) Mit Hilfe von GPS ist ein weltweiter Funkverkehr über Satellit zwischen Schiffen untereinander bzw. mit Küstenfunkstellen möglich
c) Mit Hilfe von GPS besteht die Möglichkeit der Kommunikation über Inmarsat bzw. COSPAS-SARSAT
d) Mit Hilfe von GPS erfolgt die Kommunikation mit der Rettungsleitstelle über Satellit

Digitaler Selektivruf (DSC)

53. Was bedeutet „DSC“ im mobilen Seefunkdienst?

a) Digitaler Selektivruf
b) Funküberwachung auf zwei Funkkanälen (Dual Watch)
c) Gegensprechen auf zwei Frequenzen im Gegensatz zu Wechselsprechen auf einer Frequenz
d) Digitales System für die Telekommunikation an Bord

54. Was ist ein „Digitaler Selektivruf“?

a) Digitale Aussendung, die bei der gerufenen Funkstelle ein optisches und/oder akustisches Signal auslöst
b) Aussendung eines digitalen Anrufs auf Kanal 16
c) Funkaussendung an eine ausgewählte Funkstelle
d) Funkverkehr im GMDSS auf den dafür vorgesehenen Kanälen

55. Welches technische Verfahren im GMDSS ermöglicht einer Seefunkstelle die Verkehrsaufnahme in den Richtungen Schiff-Küstenfunkstelle und Schiff–Schiff?

a) DSC
b) NAVTEX
c) COSPAS-SARSAT

d) SMS

56. Welcher Unterschied besteht in der Reichweite bei analoger (Sprechfunk) und bei digitaler Übertragung (DSC) im UKW-Seefunkbereich?

a) Bei digitaler Übertragung deutlich größere Reichweite im Vergleich zur analogen Übertragung
b) Bei digitaler Übertragung besteht kein Unterschied im Vergleich zur analogen Übertragung
c) Bei digitaler Übertragung vierfache Reichweite im Vergleich zur analogen Übertragung
d) Bei digitaler Übertragung kürzere Reichweite im Vergleich zur analogen Übertragung

57. Welcher UKW-Kanal wird im Weltweiten Seenot- und Sicherheitsfunksystem (GMDSS) für die digitale Ankündigung einer Dringlichkeitsmeldung benutzt?

a) Kanal 70
b) Kanal 16
c) Kanal 10
d) Kanal 06

58. Auf welchem UKW-Kanal erfolgt die Alarmierung mittels DSC?

a) Kanal 70
b) Kanal 16
c) Kanal 06
d) Kanal 10

59. Wie wird eine mit DSC-Einrichtungen ausgerüstete Seefunkstelle gekennzeichnet?

a) Schiffsname, Rufzeichen, Rufnummer des mobilen Seefunkdienstes (MMSI)
b) Rufnummer des mobilen Seefunkdienstes (MMSI), Schiffsname
c) Schiffsname, Heimathafen, Rufzeichen
d) Registriernummer des Schiffszertifikates, Rufzeichen

60. Der mit einem DSC-Gerät aufgenommene Notalarm wird...

a) automatisch gespeichert
b) manuell gespeichert
c) gespeichert, wenn im Speicher noch genügend Platz ist
d) nicht gespeichert, sondern ausgedruckt

61. Was wird als „Maritime Mobile Service Identity (MMSI)" bezeichnet?

a) Rufnummer im Seefunkdienst
b) Maritimes Informationssystem
c) Landeskennung einer Seefunkstelle (z.B. 21a)
d) Aussendung, die die Sicherheit der Schifffahrt betrifft

62. Wie lauten die Maritime Identification Digits (MID) für die Bundesrepublik Deutschland?

a) 211 und 218
b) 211 und 219
c) 218 und 224
d) 218 und 226

63. Welche Urkunde enthält die eigene Seefunkstellen-Rufnummer (MMSI)?

a) Zuteilung (Ship Station Licence)
b) Gerätezulassungsurkunde
c) Internationaler Bootsschein
d) Schiffszertifikat

64. Wie setzt sich die Seefunkstellen-Rufnummer (MMSI) zusammen?

a) Neun Ziffern, wobei die ersten drei Ziffern die Seefunkkennzahl (MID) enthalten
b) Drei Buchstaben und sechs Ziffern
c) Sieben Ziffern, wobei die ersten beiden Ziffern Nullen sein müssen
d) Neun Ziffern, wobei die erste Ziffer eine Null ist

65. Wie setzt sich die Küstenfunkstellen-Rufnummer (MMSI) zusammen?

a) Neun Ziffern, die ersten beiden Ziffern Nullen, die nächsten drei Ziffern enthalten die Seefunkkennzahl (MID)
b) Neun Ziffern, die ersten drei Ziffern enthalten die Seefunkkennzahl (MID)
c) Geografischer Ortsname der Küstenfunkstelle, gefolgt von drei Ziffern, die die Seefunkkennzahl (MID) bilden
d) Internationale Telefon-Vorwahlnummer des Landes, in dem sich die Küstenfunkstelle befindet, gefolgt von fünf besonders festgelegten Ziffern

66. Welche Art von Funkstelle des Seefunkdienstes kennzeichnet die Ziffernfolge 002111240?

a) Deutsche Küstenfunkstelle
b) Deutsche Seefunkstelle
c) Deutsches SAR-Fahrzeug
d) Deutsche EPIRB

67. Woran ist die Nationalität der Seefunkstelle in der MMSI erkennbar?

a) Seefunkkennzahl (MID)
b) Länderkennung, bestehend aus drei Buchstaben
c) Letzte drei Ziffern der MMSI
d) Mittlere drei Ziffern der MMSI

68. Durch die Verbindung mit welchem Gerät ist gewährleistet, dass bei einem DSC-Notalarm die aktuelle Position automatisch mit ausgesendet wird?

a) GPS-Empfänger
b) NAVTEX-Empfänger
c) Radargerät
d) UKW-Wachempfänger

UKW (VHF) – Sprechfunk

69. Wie wird der Frequenzbereich von 30 bis 300 MHz bezeichnet?

a) Ultrakurzwelle (UKW/VHF)
b) Langwelle (LW/LF)
c) Mittelwelle (MW/MF)
d) Kurzwelle (KW/HF)

70. Welches Funkzeugnis muss der Führer eines Sportfahrzeugs oder Traditionsschiffes, das mit einer UKW-Seefunkstelle ausgerüstet ist, mindestens besitzen, um am GMDSS teilnehmen zu dürfen?

a) Beschränkt Gültiges Funkbetriebszeugnis (Short Range Certificate)
b) Allgemeines Sprechfunkzeugnis für den Seefunkdienst
c) UKW-Sprechfunkzeugnis für den Binnenschifffahrtsfunk
d) Allgemeines Betriebszeugnis für Funker (General Operator's Certificate)

71. An welchem Funkdienst darf der Inhaber eines Beschränkt Gültigen Funkbetriebszeugnisses (SRC) teilnehmen?

a) Mobiler Seefunkdienst auf Ultrakurzwelle (UKW/VHF)
b) Mobiler Seefunkdienst auf Ultrakurzwelle (UKW/VHF) einschließlich Satellitenfunk
c) Mobiler Seefunkdienst auf Kurzwelle (KW/HF) und Grenzwelle (GW/MF), außer Satellitenfunk
d) Mobiler Seefunkdienst auf Ultrakurzwelle (UKW/VHF) einschließlich Grenzwelle/Kurzwelle

72. Was kennzeichnet die Betriebsart „Duplex"?

a) Gegensprechen auf zwei Frequenzen
b) Wechselsprechen auf einer Frequenz
c) Gegensprechen auf einer Frequenz
d) Wechselsprechen auf zwei Frequenzen

73. Was kennzeichnet die Betriebsart „Simplex"?

a) Wechselsprechen auf einer Frequenz
b) Gegensprechen auf einer Frequenz
c) Wechselsprechen auf zwei Frequenzen
d) Gegensprechen auf zwei Frequenzen

74. Welche Betriebsart wird als „Semi-Duplex" bezeichnet?

a) Wechselsprechen auf zwei Frequenzen
b) Gegensprechen auf zwei Frequenzen
c) Gegensprechen auf einer Frequenz
d) Wechselsprechen auf einer Frequenz

75. Welche UKW-Kanäle sind international ausschließlich für den Funkverkehr zwischen Seefunkstellen vorgesehen?

a) Kanäle 06, 08, 72 und 77
b) Kanäle 15 und 17
c) Kanäle 16, 69, 70 und 82
d) Kanäle 16 und 18, ersatzweise 70

76. Für welchen Funkverkehr dürfen die UKW-Kanäle 75 und 76 benutzt werden?

a) Funkverkehr, der ausschließlich die Navigation betrifft
b) Funkverkehr, der ausschließlich See-Land-Verbindungen betrifft
c) Funkverkehr unter Behördenfahrzeugen
d) Funkverkehr, der ausschließlich Land-See-Verbindungen betrifft

77. Atmosphärische Störungen des Funkverkehrs sind ...

a) im Seefunkverkehr im VHF-Bereich kein Problem
b) im Seefunkverkehr im VHF-Bereich ein großes Problem
c) gleichzeitig im VHF-Bereich und beim NAVTEX-Empfang vorhanden
d) im VHF-Bereich nur bei Verwendung von nicht vertikal angebrachten Antennen vorhanden

78. Wie breiten sich Ultrakurzwellen (UKW/VHF) aus?

a) Geradlinig und quasioptisch
b) Abhängig von der Tageszeit
c) Der Erdkrümmung folgend bis weit hinter den Horizont
d) In der Ionosphäre reflektiert

79. Wie werden die internationalen Kanäle im UKW-Seefunkbereich bezeichnet?

a) Kanal 1 bis 28 und 60 bis 88
b) Kanal 1 bis 20 und 68 bis 88
c) Kanal 1 bis 28 und 60 bis 87
d) Kanal 1 bis 28 und 68 bis 88

80. Wovon hängt die Reichweite einer UKW-Funkanlage hauptsächlich ab?
a) Antennenhöhe
b) Bordnetzspannung
c) Tageszeit
d) Wetter

81. Wie sollen UKW-Antennen ausgerichtet werden?
a) Vertikal
b) Horizontal
c) Radial
d) Diagonal

82. Wodurch kann die Abstrahlung der Sendeenergie einer UKW-Anlage auf einem Schiff wesentlich beeinträchtigt werden?
a) Metallische Gegenstände in der Nähe der Antenne
b) Schräglage des Schiffs
c) Metallische Gegenstände in der Nähe des Antennenkabels
d) Wetter

83. Was hat keinen Einfluss auf die Reichweite eines UKW-Handsprechfunkgerätes?
a) Schlechtes Wetter
b) Niedrige Antennenhöhe
c) Geringer Ladezustand des Akkus
d) Geringe Sendeleistung

84. Ist das Senden auf UKW in ausländischen Häfen gestattet?
a) Abhängig von entsprechenden Vorschriften des Landes
b) Es ist immer gestattet
c) Nur am Tage, in der Nacht herrscht Funkstille
d) Außer in Notfällen ist es überall verboten

Betriebsverfahren und Rangfolgen

85. Wie ist die Rangfolge der Aussendungen im Seefunkdienst festgelegt?
a) Not, Dringlichkeit, Sicherheit, Routine
b) Not, Sicherheit, Dringlichkeit, Routine
c) Routine, Sicherheit, Dringlichkeit, Not
d) Routine, Dringlichkeit, Sicherheit, Not

86. Welche Vorkommnisse im Seefunkdienst sollen im Schiffstagebuch dokumentiert werden?
a) Der Not-, Dringlichkeits- und Sicherheitsverkehr sowie wichtige Vorkommnisse, die den Seefunkdienst betreffen
b) Der Not-, Dringlichkeits- und Sicherheitsverkehr sowie der Routineverkehr zwischen Seefunkstellen und Küstenfunkstellen
c) Der gesamte DSC-Verkehr sowie wichtige Vorkommnisse, die den Seefunkdienst betreffen

d) Der GMDSS-Verkehr zwischen Seefunkstellen sowie Fehlalarme und andere wichtige Vorkommnisse, die den Seefunkdienst betreffen

87. Welchem Funkverkehr ist der Nachrichtenaustausch zwischen Küstenfunkstellen des Revier- und Hafenfunkdienstes und Seefunkstellen zuzuordnen?

a) Nichtöffentlicher Funkverkehr
b) On Board Traffic
c) Port Radio
d) Öffentlicher Funkverkehr

88. Wozu dient der Revier- und Hafenfunkdienst?

a) Übermittlung von Nachrichten, die ausschließlich das Führen, die Fahrt und die Sicherheit von Schiffen auf dem Revier, innerhalb oder in der Nähe von Häfen betreffen
b) Zuweisung von Liegeplätzen innerhalb oder in der Nähe von Häfen
c) Verbreitung von Wetterberichten auf dem Revier, innerhalb oder in der Nähe von Häfen
d) Nachrichtenaustausch innerhalb oder in der Nähe von Häfen über das öffentliche Netz

89. Welcher Funkdienst gehört neben dem Revier- und Hafenfunkdienst ebenfalls zum Sicherheitsfunkdienst innerhalb des mobilen Seefunkdienstes?

a) Schiffslenkungsfunkdienst
b) Lotsenfunk
c) Schleusenfunk
d) Binnenschifffahrtsfunk

90. Wer bestimmt bei einer Verbindung zwischen See- und Küstenfunkstelle den für die weitere Verkehrsabwicklung zu benutzenden Arbeitskanal?

a) Küstenfunkstelle
b) Seefunkstelle
c) On-Scene Co-ordinator (OSC)
d) Rufende Funkstelle

91. Wie ist eine Küstenfunkstelle des Revier- und Hafenfunkdienstes gekennzeichnet?

a) Geografischer Name des Ortes, dem die Art des Dienstes und das Wort Radio folgen
b) Wort Radio, dem die Art des Dienstes und der geografische Name des Ortes folgen
c) Geografischer Name des Ortes, dem das Wort Radio und die Art des Dienstes folgen
d) Radio, dem der geografische Name des Ortes und die Art des Dienstes folgen

92. Welche Funkstelle wird mit dem Rufnamen „Warnemünde Traffic“ gerufen?

a) Küstenfunkstelle des Revierfunkdienstes in Warnemünde
b) Wasserschutzpolizei Warnemünde
c) Seefunkstelle der DGzRS-Station Warnemünde
d) Funkstelle des Hafenmeisters der Marina in Warnemünde

93. Was zeigt das Dringlichkeitszeichen an?

a) Die rufende Funkstelle hat eine sehr dringende Meldung auszusenden, welche die Sicherheit einer mobilen Einheit oder einer Person betrifft
b) Die rufende Funkstelle hat eine Meldung auszusenden, dass ein Schiff von einer ernsten und unmittelbaren Gefahr bedroht ist und sofortige Hilfe benötigt
c) Die rufende Funkstelle hat eine eilige Meldung auszusenden, die eine nautische Warnnachricht zum Inhalt hat
d) Die rufende Funkstelle hat eine wichtige Meldung auszusenden, welche den Empfang einer Seenotfunkbake (EPIRB) bestätigt

94. Wie lautet das Dringlichkeitszeichen im Sprechfunk?
a) PAN PAN
b) SECURITE
c) MAYDAY
d) URGENCY

95. Was wird im Sprechfunk durch das Zeichen PAN PAN angekündigt?
a) Dringlichkeitsmeldung
b) Notmeldung
c) Sicherheitsmeldung
d) Routinemeldung

96. Wie ist im GMDSS zu verfahren, wenn eine dringende Meldung im UKW-Bereich auszusenden ist, welche die Sicherheit einer Person betrifft?
a) Ankündigung per Digitalen Selektivruf (DSC) auf Kanal 70 und Aussendung der Dringlichkeitsmeldung im Sprechfunk auf Kanal 16
b) Ankündigung und Aussendung der Dringlichkeitsmeldung im Sprechfunk auf Kanal 16
c) Ankündigung im Sprechfunk auf Kanal 16 und Aussendung der Dringlichkeitsmeldung auf einem Schiff-Schiff-Kanal
d) Ankündigung per Digitalem Selektivruf (DSC) auf Kanal 70 und Aussendung der Dringlichkeitsmeldung auf einem Schiff-Schiff-Kanal

97. Was bedeutet im DSC-Controller die Anzeige „URGENCY"?
a) Die nachfolgende Meldung ist dringend und betrifft die Sicherheit einer mobilen Einheit oder einer Person
b) Die nachfolgende Meldung ist eine Notmeldung und die Seefunkstelle erbittet sofortige Hilfe
c) Die nachfolgende Meldung ist dringend und die Seefunkstelle erbittet nautische Beratung
d) Die nachfolgende Meldung ist eine Wetterwarnung und betrifft die Sicherheit der Schifffahrt

98. An wen dürfen Dringlichkeitsmeldungen im Seefunkdienst grundsätzlich gerichtet werden?
a) An alle Funkstellen oder an eine bestimmte Funkstelle
b) An alle Funkstellen im Seegebiet A1 oder an eine bestimmte Funkstelle im Seegebiet A1
c) An alle Küstenfunkstellen oder an alle Funkstellen im Seegebiet A1
d) An alle Küstenfunkstellen oder die Seenotleitung (MRCC)

99. Wie ist zu verfahren, wenn eine an alle Funkstellen ausgesendete Dringlichkeitsmeldung erledigt ist?
a) Dringlichkeitsmeldung muss durch eine Meldung an alle Funkstellen aufgehoben werden
b) Dringlichkeitsmeldung muss bei dem Fall „Mensch über Bord" durch eine Meldung an alle Funkstellen aufgehoben werden
c) Dringlichkeitsmeldung muss durch eine Meldung an die nächste Küstenfunkstelle aufgehoben werden
d) Dringlichkeitsmeldung muss durch die Meldung SILENCE FINI aufgehoben werden

100. Wie lautet das Sicherheitszeichen im Seefunkdienst?
a) SECURITE
b) URGENCY
c) PAN PAN
d) MAYDAY

101. Welche Meldung wird mit SECURITE eingeleitet?
a) Sicherheitsmeldung
b) Notmeldung
c) Dringlichkeitsmeldung
d) Routinemeldung

102. Welchen Inhalt kann eine Sicherheitsmeldung haben?
a) Wichtige nautische Warnnachricht oder eine wichtige Wetterwarnung
b) Wichtige nautische Warnnachricht oder die Weiterleitung eines Notalarms
c) Aufhebung eines Fehlalarms oder eine wichtige Wetterwarnung
d) Aufhebung einer Dringlichkeitsmeldung oder ein Medico-Gespräch

103. Welche UKW-Kanäle benutzen Sportfahrzeuge für den Funkverkehr untereinander vorzugsweise in den deutschen Hoheitsgewässern?
a) Kanäle 69 oder 72
b) Kanäle 69 oder 70
c) Kanäle 10 oder 13
d) Kanäle 06 oder 16

104. Für welche Verkehrsabwicklungen werden UKW-Handsprechfunkgeräte vorzugsweise verwendet?
a) Funkverkehr an Bord, Funkverkehr Schiff–Überlebensfahrzeug
b) Funkverkehr Schiff–Schiff, Funkverkehr Schiff–SAR-Hubschrauber
c) Funkverkehr an Bord, Funkverkehr Schiff–Hafen
d) Funkverkehr mit Küstenfunkstellen, Funkverkehr Schiff–Überlebensfahrzeug

105. Was ist bei Testsendungen im Sprech-Seefunkdienst zu beachten?
a) Die Aussendungen dürfen 10 Sekunden nicht überschreiten, müssen mit dem Wort „Test“ und mit einer Kennung des Schiffes ausgestrahlt werden
b) Die Aussendungen dürfen 20 Sekunden nicht überschreiten und müssen mit einer Kennung des Schiffes ausgestrahlt werden
c) Die Aussendungen dürfen nur einmal nach Einbau des Gerätes ohne Antenne erfolgen und müssen mit dem Wort „Test“ gekennzeichnet werden
d) Die Aussendungen dürfen nur außerhalb der Hoheitsgewässer erfolgen

106. Welche Betriebsart wird für den Schiff-Schiff-Verkehr auf UKW im Sprechfunkverfahren verwendet?
a) Wechselsprechen auf einer Frequenz
b) Gegensprechen auf einer Frequenz
c) Wechselsprechen auf zwei Frequenzen
d) Gegensprechen auf zwei Frequenzen

107. Der UKW-Kanal 70 dient ausschließlich dem Zweck der Aussendung...
a) des Digitalen Selektivrufs
b) von Peilzeichen
c) von Positionsmeldungen
d) von Küstenfunkstellen

108. Welchen Zwecken dient der UKW-Kanal 16 (156,8 MHz) im Seefunkdienst?
a) Notverkehr, Dringlichkeitsmeldung, Ankündigung einer Sicherheitsmeldung, Anrufkanal
b) Notverkehr, Ankündigung einer Sicherheitsmeldung, Routineverkehr, Anrufkanal
c) Aussendung des digitalen Selektivrufs

d) Funkverkehr zwischen Fischereifahrzeugen

109. Auf welchem UKW-Kanal muss ein Sportfahrzeug empfangsbereit sein, wenn es sich auf See befindet und mit einer GMDSS-Seefunkanlage ausgerüstet ist?

a) Kanal 70
b) Kanal 16
c) Kanal 69
d) Kanal 72

110. Auf welchem UKW-Kanal sollte ein Sportfahrzeug in der Regel empfangsbereit sein, wenn es sich auf See befindet und nur mit einer UKW-Sprechfunkanlage ausgerüstet ist?

a) Kanal 16
b) Kanal 70
c) Kanal 69
d) Kanal 06

111. Welcher UKW-Kanal ist vorzugsweise für den Schiff-Schiff-Verkehr und für koordinierte Such- und Rettungseinsätze (SAR) vorgesehen?

a) Kanal 06
b) Kanal 10
c) Kanal 16
d) Kanal 72

112. Welchen Zwecken dienen der Anrufkanal und ein Arbeitskanal?

a) Anrufkanal zur Verbindungsaufnahme, Arbeitskanal zur Abwicklung des weiteren Funkverkehrs
b) Anrufkanal zur Verbindungsaufnahme, Arbeitskanal nur zur Abwicklung von Notfällen
c) Anrufkanal zur Verbindungsaufnahme, Arbeitskanal zur Abwicklung von Reiseplanungen
d) Anrufkanal zur Verbindungsaufnahme mit Teilnehmern an Land, Arbeitskanal zur Zuweisung des Schleusenranges

113. Auf welchem Kanal ist eine Küstenfunkstelle zu rufen, die sowohl auf dem Kanal 70 als auch auf Kanal 16 sowie auf einem veröffentlichten Arbeitskanal empfangsbereit ist?

a) Kanal 70 oder Arbeitskanal
b) Kanal 16 oder Kanal 70
c) Kanal 70 oder Kanal 72
d) Kanal 16 oder Arbeitskanal

114. Auf welchem Kanal wird eine Küstenfunkstelle ohne DSC im Routineverkehr gerufen?

a) Arbeitskanal
b) Kanal 16
c) Ankündigung auf Kanal 16, dann Wechsel zum Arbeitskanal
d) Kanal 70

115. Was ist vor dem Anruf auf einem Arbeitskanal zu beachten?

a) Der laufende Funkverkehr darf nicht gestört werden
b) Die geringste Sendeleistung muss eingestellt werden
c) Die Küstenfunkstelle muss den Arbeitskanal freigeben
d) Der laufende Funkverkehr muss aufgefordert werden, den Funkverkehr zu beenden

Nautische und Meteorologische Warnnachrichten (NAVTEX

116. Was bedeutet „NAVTEX“?
a) Nautische Warnnachrichten im Funktelexverfahren
b) Navigationssystem, das Vorgaben im Funktelexverfahren erhält
c) MW-Empfänger an Bord eines Seeschiffes zur Aufzeichnung von Wetterberichten
d) Satellitengestütztes Navigationssystem für den Seenotfall

117. Wie heißt der Dienst, in dem Nachrichten für die Sicherheit der Seeschifffahrt (MSI) über terrestrische Frequenzen verbreitet werden?
a) NAVTEX
b) SafetyNET
c) AIS
d) AMVER

118. Welchen Dienst bieten der Deutsche Wetterdienst (DWD) und das Bundesamt für Seeschifffahrt und Hydrographie (BSH) auf den Frequenzen 518 kHz und 490 kHz gemeinsam an?
a) NAVTEX
b) SafetyNET
c) TELEX
d) AMVER

119. Bis zu welcher Entfernung vom Standort des Senders können Sicherheitsmeldungen für die Seeschifffahrt im NAVTEX-Dienst empfangen werden?
a) Ca. 600 sm
b) Ca. 30 sm
c) Ca. 1000 sm
d) Ca. 1500 sm

120. Worauf muss beim Einstellen eines NAVTEX-Empfängers geachtet werden?
a) Einstellen der jeweiligen NAVTEX-Sender und Auswählen der Art der benötigten Meldungen
b) Auswählen der gewünschten NAVTEX-Sender und Eingeben der MMSI-Rufnummer
c) Eingeben der eigenen Position und Auswählen der Art der benötigten Meldungen
d) Auswählen der Sprache, in der die Nachricht empfangen werden soll, und Unterdrücken nicht benötigter Meldungen

121. Welche Informationen können bei der Programmierung eines NAVTEX-Empfängers nicht unterdrückt werden?
a) Navigationswarnungen, Meteorologische Warnungen und SAR-Meldungen
b) Navigationswarnungen, Wettervorhersagen und SAR-Meldungen
c) Sat-Nav-Warnungen, Meteorologische Warnungen und Navigationswarnungen
d) Meteorologische Warnungen, Revierinformationen und SAR-Meldungen

122 . In welcher Sprache werden Nachrichten für die Sicherheit der Seeschifffahrt (MSI) im NAVTEXDienst auf 490 kHz verbreitet?
a) Landessprache der Funkstelle
b) Englisch
c) Niederländisch
d) Französisch

123. In welchen Zeitabständen werden die regelmäßigen NAVTEX-Informationen vom deutschen NAVTEX-Sender ausgesendet?

a) 4 Stunden
b) 1 Stunde
c) 12 Stunden
d) 24 Stunden

124. Was bezeichnet „NAVAREA"?

a) International festgelegtes Vorhersage- und Seewarngebiet
b) Internationales Seegebiet, das nicht befahren werden darf
c) Internationales Seegebiet, das in vier Gruppen eingeteilt ist (A1 bis Ad)
d) Internationales Seegebiet, das von Seeschiffen befahren werden darf

Suche und Rettung (SAR), Seenotfunkbake (EPIRB) und Radartransponder (SART)

125. Was bezeichnet „SAR"?

a) Suche und Rettung
b) Seenotfunkbake
c) Sanitätsdienst
d) Radartransponder

126. Welche Aufgabe hat ein „RCC" im Seenotfall?

a) Koordinierung der im Seenotfall zur Verfügung stehenden Kräfte und Abwicklung des Notverkehrs
b) Stationierung von Seenotrettungskreuzern rund um die Uhr
c) Alarmierung von SAR-Fahrzeugen im Seenotfall über Satellit
d) Erteilung von Ratschlägen an den Havaristen

127. Welche Aufgabe hat ein „MRCC" im Seenotfall?

a) Koordinierung der im Seenotfall zur Verfügung stehenden Kräfte
b) Bereithaltung von Rettungsfahrzeugen im Seenotfall
c) Erarbeitung von Richtlinien für das Verhalten im Seenotfall
d) Erteilung von Ratschlägen an den Havaristen

128. Was ist „On-Scene Communication"?

a) Funkverkehr vor Ort im Seenotfall
b) Funkverkehr in Reichweite einer Küstenfunkstelle für UKW
c) Funkverkehr im Hafenfunk (Port Radio)
d) Funkverkehr von Behördenfahrzeugen

129. Welche Aufgabe hat der „On-Scene Co-ordinator" (OSC) im SAR-Fall?

a) Leitung der Such- und Rettungsmaßnahmen vor Ort
b) Kooperation mit der nächstgelegenen Küstenfunkstelle des Revierfunkdienstes
c) Festlegung der DSC-Kanäle zur Verständigung der SAR-Einheiten
d) Verbreitung wichtiger SAR-Meldungen rund um die Uhr

130. Was bedeutet „Funkverkehr vor Ort"?

a) Funkverkehr zwischen dem Schiff in Not und den Fahrzeugen, die Hilfe leisten sowie dem Schiff in Not und dem Fahrzeug, das die Suche und Rettung koordiniert
b) Funkverkehr zwischen dem Fahrzeug, das die Suche und Rettung koordiniert, und der Küstenfunkstelle

c) Funkverkehr zwischen der Küstenfunkstelle und dem On-Scene Co-ordinator
d) Funkverkehr zwischen dem Schiff in Not und in der Nähe befindlichen Luftfunkstellen

131. Wer darf das Aussenden einer Notmeldung im Seefunkdienst veranlassen?
a) Fahrzeugführer
b) Crewmitglied
c) Rudergänger
d) Rettungsleitstelle

132. Auf welchem UKW-Kanal müssen alle mit DSC ausgerüsteten seegehenden Schiffe im Weltweiten Seenot- und Sicherheitsfunksystem (GMDSS) empfangsbereit sein?
a) Kanal 70
b) Kanal 16
c) Kanal 06
d) Kanal 10

133. Wie lautet das Notzeichen im Sprechfunk?
a) MAYDAY
b) PAN PAN
c) DISTRESS
d) SOS

134. Womit wird der Notverkehr im Sprechfunk eingeleitet?
a) MAYDAY
b) Schiffsname
c) DISTRESS
d) SOS

135. Wann liegt ein Seenotfall vor, der das Aussenden des Notzeichens im Sprechfunk rechtfertigt?
a) Wenn ein Schiff oder eine Person von einer ernsten und unmittelbaren Gefahr bedroht ist und sofortige Hilfe benötigt
b) Wenn ein Schiff manövrierbehindert ist und Hilfe benötigt
c) Wenn eine nautische Warnnachricht vorliegt, die unbedingt beachtet werden muss
d) Wenn ein medizinischer Notfall vorliegt, der unmittelbare funkärztliche Beratung erfordert

136. Welche Priorität der Alarmierung ist zu wählen, wenn sich eine Person in Lebensgefahr befindet und Hilfe benötigt?
a) Notfall
b) Dringlichkeit
c) Sicherheit
d) Routine

137. Welche Frequenzen dürfen neben den Notfrequenzen für die Aussendung einer Notmeldung im Seefunkdienst benutzt werden?
a) Jede andere verfügbare und geeignete Frequenz
b) UKW Kanal 06 (internationaler Verkehr)
c) Keine andere Frequenz
d) Nur Schiff-Schiff-Frequenzen

138. Auf welchem UKW-Kanal findet der Notverkehr vorzugsweise statt?
a) Kanal 16

b) Kanal 70
c) Kanal 69
d) Kanal 06

139. Welche Meldungen dürfen im Weltweiten Seenot- und Sicherheitsfunksystem (GMDSS) auf UKW-Kanal 16 (156,8 MHz) übermittelt werden?
a) Notmeldungen, Dringlichkeitsmeldungen und die Ankündigung von Sicherheitsmeldungen
b) Dringlichkeitsmeldungen und Meldungen im öffentlichen Funkverkehr
c) Sicherheits-, Dringlichkeitsmeldungen und Nichtöffentlicher Funkverkehr
d) Notmeldungen und Routinemeldungen

140. Wann und warum wird die Einleitung eines Notverkehrs wiederholt?
a) Wenn die aussendende Seefunkstelle keine Antwort auf ihren DSC-Alarm oder ihre Notmeldung erhalten hat oder wenn sie es aus anderen Gründen für notwendig hält
b) Wenn der DSC-Notalarm nur von einer Küstenfunkstelle bestätigt worden ist
c) Die Einleitung des Notverkehrs darf nicht wiederholt werden, um Fehlalarme zu vermeiden
d) Die Einleitung des Notverkehrs wird nach 6 Minuten wiederholt, wenn keine Bestätigung erfolgt ist

141. An wen soll eine Seefunkstelle den Notalarm für ein anderes in Not befindliches Schiff richten?
a) Grundsätzlich an die nächstgelegene Küstenfunkstelle oder sonst an alle Funkstellen
b) Grundsätzlich an alle Seefunkstellen in der Nähe
c) Grundsätzlich an das Maritime Lagezentrum beim Havariekommando
d) Grundsätzlich an ein Local User Terminal oder sonst an alle Seefunkstellen

142. Welche Voraussetzung muss eine Seefunkstelle erfüllen, die den Empfang eines DSC-Notalarms auf UKW im Sprechfunkverfahren bestätigt?
a) Sie muss Hilfe leisten können
b) Eine sichere Funkverbindung muss möglich sein
c) Sie muss die Seefunkstelle in Not spätestens nach einer Stunde erreichen können
d) Notalarme werden in jedem Fall bestätigt

143. Wann darf eine Seefunkstelle, wenn sie Hilfe leisten kann, den Empfang eines DSC-Notalarms auf UKW im Sprechfunkverfahren bestätigen?
a) Nach Bestätigung durch eine Küstenfunkstelle oder einer angemessenen Wartefrist
b) Sofort nach Empfang des DSC-Notalarms
c) Nach einer Wartefrist von 3 Minuten
d) DSC-Notalarme dürfen grundsätzlich nur von Küstenfunkstellen bestätigt werden

144. Auf welchem UKW-Kanal und in welchem Verfahren bestätigt eine Seefunkstelle den auf Kanal 70 empfangenen Notalarm?
a) Kanal 16, Sprechfunkverfahren
b) Kanal 70, DSC
c) Arbeitskanal, Sprechfunkverfahren
d) Kanal 16, DSC

145. Wann wird im Seefunkdienst die Aufforderung SILENCE MAYDAY ausgesendet?
a) Wenn die Funkstelle, die den Notverkehr leitet, störende Funkstellen zur Einhaltung der Funkstille auffordert
b) Wenn die Situation des Schiffes in Not besonders kritisch ist

c) Wenn die Funkstelle, die den Notverkehr leitet, die Beendigung des Notverkehrs ankündigen will

d) Wenn eine Funkstelle sich besondere Aufmerksamkeit für die Verbreitung einer Dringlichkeits- oder Sicherheitsmeldung erbittet

146. Wer fordert in einem Seenotfall eine störende Funkstelle mit den Wörtern SILENCE MAYDAY zur Einhaltung der Funkstille auf?

a) Die Funkstelle, die den Notverkehr leitet

b) Die Funkstelle in Not oder eine Hilfe leistende Luftfunkstelle

c) Die Funkstelle, die die störende Funkstelle als erste empfangen hat

d) Die Funkstelle, die der störenden Funkstelle nächstgelegen ist

147. Welche Aufgaben übernimmt die Seenotleitung (Maritime Rescue Co-ordination Centre [MRCC]) nach Eingang eines Notalarms?

a) Koordinierung und Information über die SAR-Maßnahmen

b) Leitung des Notverkehrs auf Kanal 70

c) Bestimmung des On-Scene Co-ordinators (OSC)

d) Überwachung Kanäle 16 und 70 sowie Dokumentation der SAR-Maßnahmen

148. Auf welchen UKW-Kanälen ist Bremen Rescue Radio empfangsbereit?

a) Kanal 16 (Sprechfunk), Kanal 70 (DSC)

b) Kanal 10 (Sprechfunk), Kanal 70 (DSC)

c) Kanal 16 (Sprechfunk), Kanal 10 (DSC)

d) Kanal 06 (Sprechfunk), Kanal 70 (DSC)

149. Nach welchem Betriebsverfahren wird der Funkverkehr in Notfällen zwischen Seefunkstellen und SAR-Hubschraubern abgewickelt?

a) Betriebsverfahren des mobilen Seefunkdienstes

b) Betriebsverfahren des mobilen Flugfunkdienstes

c) Betriebsverfahren des Navigationsfunkdienstes

d) Betriebsverfahren des Revierfunkdienstes

150. Welche Veröffentlichung enthält die international entwickelten Redewendungen für Notfälle?

a) Handbuch "Suche und Rettung"

b) Handbuch "Funkdienst für die Klein- und Sportschifffahrt"

c) Nachrichten für Seefahrer

d) Mitteilungen für Seefunkstellen und Schiffsfunkstellen

151. In welchem Frequenzbereich kann mit SAR-Einheiten Seefunkverkehr abgewickelt werden?

a) UKW-Bereich

b) UHF-Bereich

c) MW-Bereich

d) VLF-Bereich

152. Im Funkverkehr zwischen Seefunkstellen und SAR-Hubschraubern gilt das Betriebsverfahren...

a) des Seefunkdienstes

b) des Flugfunkdienstes

c) der Rettungsdienste

d) des Binnenschifffahrtsfunks

153. Auf welchen UKW-Kanälen dürfen zu Sicherheitszwecken Seefunkstellen mit SAR-Hubschraubern Funkverkehr vorzugsweise abwickeln?

a) Kanal 16, Kanal 06
b) Kanal 16, Kanal 10
c) Kanal 06, Kanal 10
d) Kanal 70, Kanal 16

154. Wodurch werden in der Regel bei einer Rettungsaktion mit SAR Hubschraubern die Kanäle 16 und 06 überwacht?

a) Zweikanal-Überwachung (Dual Watch)
b) Zwei unabhängige Seefunkgeräte
c) Regelmäßiges manuelles Umschalten
d) Bedarfsweises manuelles Umschalten

155. Welchen UKW-Kanal soll ein Schiff in Not bis zur Ankunft eines SAR-Hubschraubers abhören?

a) Kanal 16
b) Kanal 06
c) Kanal 10
d) Kanal 70

156. Wie ist zu verfahren, wenn während eines Notverkehrs auf Kanal 16 die Ankündigung einer Dringlichkeits- oder Sicherheitsmeldung „An alle Funkstellen“ vorgenommen werden soll?

a) Ankündigung mittels Digitalen Selektivrufs (DSC) auf Kanal 70, Ankündigung während einer Pause im Notverkehr auf Kanal 16, Aussendung der Meldung auf einem Schiff-Schiff-Kanal
b) Ankündigung auf Kanal 06, Information an die Küstenfunkstelle/RCC über den Inhalt der Meldung auf einem Arbeitskanal
c) Ankündigung mittels Digitalen Selektivrufs (DSC) auf Kanal 70, Information „An alle Funkstellen“ über den Inhalt der Meldung auf Kanal 16
d) Ankündigung auf Kanal 16 während einer Pause im Notverkehr, Aussendung auf einem Schiff-Schiff-Kanal

157. Was ist zu tun, wenn irrtümlich von einer Seefunkstelle ein Notalarm auf Kanal 70 ausgelöst worden ist?

a) 1. Gerät umgehend zurücksetzen
2. Wenn möglich, den Fehlalarm per DSC zurücknehmen
3. Mit Meldung auf Kanal 16 „An alle Funkstellen“ den Fehlalarm zurücknehmen

b) 1. Gerät ausschalten, um weitere Sendungen zu verhindern
2. Eintragung der irrtümlichen Aussendung im Schiffstagebuch
3. Zuständiges MRCC telefonisch informieren

c) 1. Ankündigung der Rücknahme des Notalarms mit DSC
2. Mit Meldung auf Kanal 16 „An alle Funkstellen“ den Fehlalarm zurücknehmen
3. Schiffsführer informieren

d) 1. Gerät umgehend zurücksetzen
2. Ankündigung der Rücknahme des Notalarms mit DSC
3. Mit Meldung auf Kanal 13 „An alle Funkstellen“ den Fehlalarm zurücknehmen

158. Womit können im Notfall nach dem Verlassen des havarierten Schiffes keine Such- und Rettungsarbeiten ausgelöst bzw. erleichtert werden?

a) UKW-Empfänger
b) Transponder für Suche und Rettung (SART)

c) Seenotfunkbake (EPIRB)
d) Handsprechfunkgeräte

159. Welche Komponenten des Weltweiten Seenot- und Sicherheitsfunksystems (GMDSS) werden für die Aussendung von Signalen zur Ortsbestimmung eingesetzt?

a) SART, EPIRB
b) NAVTEX, EGC
c) DSC, EPIRB
d) NAVTEX, SART

160. Wo soll eine Satelliten-Seenotfunkbake (EPIRB) an Bord eines Sportbootes installiert werden?

a) Im äußeren Decksbereich
b) In der Backskiste
c) In mindestens 1 m Entfernung von Metallteilen
d) Geschützt unter Deck

161. Wann darf eine Satelliten-Seenotfunkbake (EPIRB) für eine Aussendung aktiviert werden?

a) Nur im Notfall
b) Zu Testzwecken
c) Im Notfall und zu Testzwecken
d) Beim Herannahen von Rettungsfahrzeugen

162. Wie kann eine Satelliten-Seenotfunkbake (EPIRB) im Notfall aktiviert werden?

a) Manuell oder automatisch
b) Nur manuell
c) Nur automatisch
d) Durch das COSPAS-SARSAT-System

163. Wodurch wird eine EPIRB im Seenotfall automatisch aktiviert?

a) Wasserdruckauslöser
b) Rüttelkontakt
c) GPS-Signale
d) Radar-Signale

164. Welche Informationen enthält die Aussendung einer Satelliten-Seenotfunkbake (EPIRB)?

a) Notsignal, Identifikationsmerkmal, Position mittels GPS, wenn vorhanden
b) Notsignal, Schiffstyp, Art des Notfalls
c) Position mittels GPS, wenn vorhanden, Identifikationsmerkmal, Zielhafen
d) Art des Notfalls, Position mittels GPS, wenn vorhanden, Rufzeichen

165. Wie lange dauert es in den Seegebieten A1 bis A3, bis der Alarm einer COSPAS-SARSAT-Satelliten-Seenotfunkbake (EPIRB) bei der zuständigen Seenotleitung (MRCC) aufläuft?

a) Wenige Minuten
b) Bis zu 30 Minuten
c) Bis zu 2 Stunden
d) Bis zu 4 Stunden

166. Wie lange kann es unter ungünstigen Bedingungen von der Aktivierung einer COSPAS-SARSAT-Satelliten-Seenotfunkbake ohne GPS bis zum Empfang der Position im MRCC dauern?

a) Bis zu 4 Stunden
b) Bis zu 8 Stunden
c) Bis zu 12 Stunden
d) Bis zu einem Tag

167. Warum dauert es unter ungünstigen Bedingungen von der Aktivierung einer COSPAS-SARSAT-Satelliten-Seenotfunkbake ohne GPS bis zum Empfang der Position im MRCC bis zu vier Stunden?

a) Es müssen Überflüge der umlaufenden COSPAS-SARSAT-Satelliten (LEOSAR) abgewartet werden
b) Die niedrige Datenrate im Uplink ermöglicht keine hohe Übertragungsgeschwindigkeit
c) Hoher Seegang behindert die Funkwellenausbreitung zum geostationären COSPAS-SARSAT-Satelliten (GEOSAR)
d) Schlechte Wetterverhältnisse behindern die Übertragung der Daten vom COSPAS-SARSAT-Satelliten zur Bodenstation (LUT)

168. Wie groß ist die maximale Abweichung der ermittelten von der tatsächlichen Position einer COSPAS-SARSAT-Seenotfunkbake (EPIRB) ohne GPS?

a) 2 sm
b) 10 sm
c) 100 sm
d) 150 sm

169. Zu welchem Zweck benutzen Satelliten-Seenotfunkbaken (EPIRB) die Frequenzen 121,5 MHz und 406 MHz?

a) 121,5 MHz zur Zielfahrt (Homing), 406 MHz zur Alarmierung und Positionsbestimmung
b) 121,5 MHz zur Zielfahrt (Homing), 406 MHz zur Kommunikation
c) 121,5 MHz zur Identifikation, 406 MHz zur Zielfahrt (Homing)
d) 121,5 MHz zur Kommunikation, 406 MHz zur Alarmierung und Positionsbestimmung

170. Welche Informationen müssen an einer Satelliten-Seenotfunkbake (EPIRB) erkennbar sein?

a) Schiffsname/Rufzeichen/MMSI oder anderes Identifikationsmerkmal, Seriennummer, Haltbarkeitsdatum der Batterie, Haltbarkeitsdatum des Wasserdruckauslösers
b) Herstellerfirma, Haltbarkeitsdatum des Wasserdruckauslösers. Zulassungsdatum der EPIRB, Kurzanleitung
c) Herstellerfirma, Schiffsname/Rufzeichen/MMSI oder anderes Identifikationsmerkmal. Prüfdatum, Sendefrequenz
d) Kurzanleitung, Zulassungsdatum der EPIRB, Schiffsname/Rufzeichen/MMSI oder anderes Identifikationsmerkmal, Haltbarkeitsdatum der Batterie

171. Was ist zu tun, bevor die Satelliten-Seenotfunkbake (EPIRB) für Wartungszwecke aus ihrer Halterung entfernt werden soll?

a) Sicherstellen, dass kein Fehlalarm ausgelöst wird
b) Sicherung lösen
c) MRCC informieren
d) Keine besonderen Vorkehrungen treffen

172. Welche Prüfungen sind an einer Satelliten-Seenotfunkbake (EPIRB) durchzuführen?

a) Haltbarkeitsdatum der Batterie, Haltbarkeitsdatum des Wasserdruckauslösers, Funktion entsprechend den Herstellerangaben

b) Haltbarkeitsdatum der Batterie, Haltbarkeitsdatum des Wasserdruckauslösers, Befestigung am Schiffskörper

c) Funktion entsprechend den Herstellerangaben, Haltbarkeitsdatum der Batterie, Festigkeit der Sicherheitsleine

d) Haltbarkeitsdatum des Wasserdruckauslösers, Lesbarkeit der Beschriftung, Kontakte der Batterien

173. Wie erscheint die Aussendung eines Transponders für Suche und Rettung (SART) auf einem Radarbildschirm?

a) Als Linie von mindestens zwölf Zeichen

b) Die Aussendung eines Transponders ist auf dem Radarschirm nicht sichtbar

c) Als lange aus einem Zeichen bestehende Linie

d) Als Linie von mindestens drei Zeichen

174. Welches Navigationsgerät empfängt das Signal eines aktivierten Transponders für Suche und Rettung (SART)?

a) Radargerät

b) GPS-Empfänger

c) DSC-Controller

d) NAVTEX-Gerät

175. Welche Vorteile hat eine UKW-Seefunkanlage gegenüber einem Mobiltelefon in einer Notsituation?

a) Allgemeine und sichere Alarmierungsmöglichkeit

b) Hohe und gleichbleibende Sprachqualität

c) Wahrung des Fernmeldegeheimnisses und des Abhörverbots

d) Digitale und sichere Sprachübertragung

176. Welchen Vorteil hat eine UKW-Seefunkanlage gegenüber einem Mobiltelefon, wenn in einer Notsituation andere Fahrzeuge in Sicht sind und um Hilfe gebeten werden sollen?

a) Erreichbarkeit aller in Funkreichweite befindlichen Seefunkstellen

b) Erreichbarkeit aller Seefunkstellen im Seegebiet A1

c) Erreichbarkeit aller Rettungsfahrzeuge in Küstennähe

d) Erreichbarkeit aller Seefunkstellen in den Seegebieten A1 und A2

177. Warum ist ein Mobiltelefon gegenüber einer UKW-Seefunkanlage keine Alternative, wenn in einer Notsituation die Such- und Rettungsmaßnahmen anderen Fahrzeugen bekannt gemacht werden müssen?

a) Telefongespräche können von weiteren Fahrzeugen nicht mitgehört werden, wichtige Informationen zur Hilfeleistung und Rettung sind nicht für alle Beteiligten verfügbar

b) Telefongespräche können von weiteren Fahrzeugen nicht bestätigt werden, der Seenotleitung (MRCC) fehlen daher wichtige Informationen

c) Telefongespräche können von Küstenfunkstellen nicht bestätigt werden, wichtige Informationen fehlen daher für die Koordination vor Ort

d) Telefongespräche können vom On-Scene-Co-ordinator (OSC) nicht mitgehört werden, wichtige Informationen sind nur bei der Seenotleitung (MRCC) vorhanden

178. Mit welcher Meldung werden die Funkstellen davon unterrichtet, dass der Notverkehr beendet ist?

a) Meldung, die mit SILENCE FINI abschließt
b) Meldung, die mit SILENCE MAYDAY abschließt
c) Meldung, die mit OVER AND OUT abschließt
d) Meldung, die mit MASTER abschließt

179. Welche Funktion hat ein Transponder für Suche und Rettung (Search and Rescue Transponder [SART])?

a) Aussendung von Ortungsfunksignalen, die im Seenotfall das Auffinden des verunglückten Fahrzeuges mittels Radar erleichtern sollen
b) Automatische Aussendung der Notposition über UKW an Küsten- bzw. Schiffsfunkstellen
c) Automatische Übermittlung der Position des in Not befindlichen Fahrzeuges über die COSPAS-SARSAT-Satelliten
d) Reflexion von Radarstrahlen und Erzeugung eines deutlichen Echos auf Radarbildschirmen

180. Welche Funktion hat eine Satelliten-Seenotfunkbake (Emergency Position-Indicating-Radio-Beacon [EPIRB])?

a) Alarmierung und Kennzeichnung der Notposition
b) Kommunikation im VHF-Band zwischen Überlebensfahrzeug und SAR- Fahrzeugen bzw. dem MRCC
c) Aussendung einer Notmeldung auf den Notfrequenzen der Luftfahrt (121,5 MHz bzw. 243 MHz), die von den Luftfahrzeugen bestätigt wird
d) Ermöglichen der Ortung mittels Radar und Erleichterung des Auffindens des Havaristen

21. Fragenkatalog UBI

Richtig ist hier immer die erste Antwort **„a“**

1. Was ist der Binnenschifffahrtsfunk?

a) Internationaler mobiler UKW/VHF- Sprechfunkdienst auf Binnenschifffahrtsstraßen
b) Nationaler mobiler UKW/VHF-Sprechfunkdienst auf Binnenschifffahrtsstraßen
c) Internationales UKW/VHF-Sprechfunkverfahren im Binnenbereich
d) Nationales UKW/VHF-Sprechfunkverfahren im Binnenbereich

2. Wozu dient der Binnenschifffahrtsfunk?

a) Funkverkehr für bestimmte Zwecke auf vereinbarten Kanälen (Verkehrskreise) und nach einem festgelegten Betriebsverfahren
b) Funkverkehr für Schiffsfunkstellen zu bestimmten Zwecken auf vereinbarten Kanälen (Verkehrskreisen) und nach einem festgelegten Betriebsverfahren
c) Funkverkehr zu Landfunkstellen für bestimmte Zwecke auf vereinbarten Kanälen (Verkehrskreisen) und nach einem festgelegten Betriebsverfahren
d) Funkverkehr für Schiffsfunkstellen über Landfunkstellen auf vereinbarten Kanälen (Verkehrskreisen) und nach einem festgelegten Betriebsverfahren UBI-Fragenkatalog

3. Wo findet man Angaben über grundsätzliche Regelungen für den Binnenschifffahrtsfunk in Europa?

a) Regionale Vereinbarung über den Binnenschifffahrtsfunk (RAINWAT)
b) International Convention for the Safety of Life at Sea (SOLAS)
c) Verwaltungsvereinbarung über die Koordinierung von Frequenzen (HCM)
d) Binnenschifffahrt-Sprechfunkverordnung (BinSchSprFunkV)

4. Was ist eine „ortsfeste Funkstelle"?
a) Funkstelle, die an Land betrieben wird
b) Funkstelle, die von der Fernmeldebehörde betrieben wird
c) Funkstelle, die an Bord eines nicht dauernd festgemachten Binnenschiffes betrieben wird
d) Funkstelle, die im Verkehrskreis Funkverkehr an Bord betrieben wird

5. Was ist eine „Revierzentrale"?
a) Zentrale Landfunkstelle des Verkehrskreises Nautische Information
b) Zentrale Schiffsfunkstelle der Wasserstraßen- und Schifffahrtsverwaltung
c) Zentrale Telematikdienste zur Datenübermittlung von AIS
d) Zentrale Seefunkstelle zur Schiffslenkung

6. Was ist ein „Verkehrsposten"?
a) Zentrale ortsfeste Funkstelle in den Niederlanden
b) Zentrale mobile Funkstelle in den Niederlanden
c) Zentrale ortsfeste Funkstelle in den Niederlanden und in Frankreich
d) Zentrale mobile Funkstelle in den Niederlanden und in Frankreich

7. Was ist ein „Blockkanal"?

a) Funkkanal für sicherheitsrelevante Meldungen der Verkehrsposten und Schiffsfunkstellen in den Niederlanden
b) Funkkanal für Routinegespräche der Verkehrsposten und Schiffsfunkstellen in den Niederlanden
c) Gesperrter Funkkanal der Verkehrsposten und Verkehrszentralen in den Niederlanden
d) Funkkanal für öffentlichen Nachrichtenaustausch zwischen den Verkehrsposten in den Niederlanden

8. Was bedeutet „MIB"?
a) Melde- und Informationssystem in der Binnenschifffahrt
b) Maritimes Identifikationssystem in der Binnenschifffahrt
c) Mobiles Informationssystem in der Binnenschifffahrt
d) Melde- und Identifikationssystem in der Binnenschifffahrt

9. Wo darf der Inhaber eines in Deutschland erworbenen UKW-Sprechfunkzeugnisses für den Binnenschifffahrtsfunk am Funkverkehr teilnehmen?
a) In allen Ländern, die der Regionalen Vereinbarung über den Binnenschifffahrtsfunk beigetreten sind
b) In allen Mitgliedstaaten der EU
c) In allen Staaten, die die Vollzugsordnung für den Funkdienst ratifiziert haben
d) In allen deutschsprachigen Ländern

10. Wo berechtigt das UKW-Sprechfunkzeugnis für den Binnenschifffahrtsfunk (UBI) auch zur Teilnahme am mobilen Seefunkdienst?
a) Wasserstraßen der Zonen 1 bis 2
b) Wasserstraßen der Zonen 2 bis 4
c) Wasserstraßen der Zonen 1 bis 4
d) Wasserstraßen der Zonen 2 bis 3

11. Wer erteilt neben der zuständigen Stelle des Bundes das UKW-Sprechfunkzeugnis für den Binnenschifffahrtsfunk (UBI)?
a) Prüfungsausschüsse des Deutschen Motoryachtverbandes e. V. (DMYV) und des Deutschen Segler-Verbandes e. V. (DSV)

b) Bundesnetzagentur (BNetzA) und das Bundesamt für Seeschifffahrt und Hydrographie (BSH)
c) Zentrale Verwaltungsstelle (ZVST) und Generaldirektion Wasserstraßen und Schifffahrt (GDWS)
d) Wasser- und Schifffahrtsämter (WSA) und Bundesnetzagentur (BNetzA)

12. Welches Funkzeugnis berechtigt nicht zur Teilnahme am weltweiten Seenot- und Sicherheitsfunksystem (GMDSS)?
a) UKW-Sprechfunkzeugnis für den Binnenschifffahrtsfunk (UBI)
b) Beschränkt Gültiges Funkbetriebszeugnis (SRC)
c) Allgemeines Funkbetriebszeugnis (LRC)
d) Allgemeines Betriebszeugnis für Funker (GOC)

13. Welches Funkzeugnis berechtigt nicht zur Teilnahme am Binnenschifffahrtsfunk?
a) Amateurfunkzeugnis
b) UKW-Sprechfunkzeugnis für den Binnenschifffahrtsfunk (UBI)
c) Allgemeines Sprechfunkzeugnis für den Seefunkdienst
d) Beschränkt gültiges Betriebszeugnis für Funker I (BZ I)

14. Worauf ist bei der Teilnahme am Binnenfunk in anderen Ländern zu achten?
a) Die Bestimmungen im Regionalen Teil des Handbuchs Binnenschifffahrtsfunk sind zu beachten
b) Die Bestimmungen der Binnenschifffahrt-Sprechfunkverordnung sind zu beachten
c) Die Bestimmungen der EU-Kommission sind zu beachten
d) Die Bestimmungen der Binnenschifffahrtsstraßenordnung sind zu beachten

15. Wo finden sich grundsätzliche Bestimmungen über den Sprechfunk auf den jeweiligen Bundeswasserstraßen?
a) Schifffahrtspolizeiverordnungen
b) Binnenschifffahrtpatentverordnung
c) Binnenschifffahrt-Sprechfunkverordnung
d) Binnenschiffsuntersuchungsordnung

16. Wo findet man z. B. Angaben über die Ausrüstungspflicht mit Funkanlagen auf Binnenschiffen?
a) Binnenschifffahrtstraßenordnung
b) Binnenschifffahrt-Sprechfunkverordnung
c) Binnenschifferpatentverordnung
d) Schiffssicherheitsverordnung

17. Wo findet man Angaben über die Funkbenutzungspflicht für Fahrzeuge auf bestimmten Binnenschifffahrtsstraßen?
a) Regionale Teile des Handbuchs Binnenschifffahrtsfunk
b) Allgemeiner Teil des Handbuchs Binnenschifffahrtsfunk
c) Binnenschifffahrt-Sprechfunkverordnung
d) Binnenschifferpatentverordnung

18. Das Abhörverbot und das Fernmeldegeheimnis sind geregelt…
a) im Telekommunikationsgesetz (TKG)
b) in der Binnenschifffahrt-Sprechfunkverordnung (BinSchSprFunkV)
c) in der Schiffssicherheitsverordnung (SchSV)
d) im Gesetz über Funkanlagen und Telekommunikationsendeinrichtungen (FTEG)

19. Was unterliegt dem Fernmeldegeheimnis?
- **a)** Inhalt des Funkverkehrs und seine näheren Umstände, insbesondere die Tatsache, ob jemand an der Abwicklung des Funkverkehrs beteiligt ist oder war
- **b)** Inhalt des Funkverkehrs und seine näheren Umstände, insbesondere Daten wie z.B. der ATIS-Code
- **c)** Inhalt des Funkverkehrs und seine näheren Umstände, sofern es sich um Nachrichtenaustausch mit einer Revierzentrale handelt
- **d)** Inhalt des Funkverkehrs und seine näheren Umstände, sofern es sich um Nachrichtenaustausch im Rahmen des Not-, Dringlichkeits- und Sicherheitsverkehrs handelt

20. Welche Nachrichten dürfen uneingeschränkt aufgenommen und verbreitet werden?
- **a)** Aussendungen, die „An alle Funkstellen" gerichtet sind
- **b)** Aussendungen des Öffentlichen Nachrichtenaustauschs
- **c)** Aussendungen im Verkehrskreis Funkverkehr an Bord
- **d)** Aussendungen im Binnenschifffahrtsfunk dürfen uneingeschränkt aufgenommen und verbreitet werden

21. Welche Folgen kann die Verletzung des Fernmeldegeheimnisses haben?
- **a)** Strafrechtliche Verfolgung
- **b)** Ordnungswidrigkeitsverfahren
- **c)** Schriftliche Verwarnung
- **d)** Einzug der Funkanlage

22. Welchen Frequenzbereich nutzt der Binnenschifffahrtsfunk?
- **a)** Ultrakurzwelle (UKW-VHF)
- **b)** Kurzwelle (KW-HF)
- **c)** Grenzwelle (GW-MF)
- **d)** Langwelle (LW-LF)

23. Wie breiten sich Ultrakurzwellen aus?
- **a)** Geradlinig und quasioptisch
- **b)** Abhängig von der Tageszeit
- **c)** Der Erdkrümmung folgend bis weit hinter den Horizont
- **d)** In der Ionosphäre reflektiert

24. Welche Faktoren können die Ausbreitung der Ultrakurzwellen beeinflussen?
- **a)** Hindernisse, z. B. Berge oder hohe Bauwerke
- **b)** Niederschläge, z. B. Schnee- oder Regenschauer
- **c)** Kurs und Geschwindigkeit des Schiffes
- **d)** Tag- und Nachtschwankungen

25. Was ist eine „Schiffsfunkstelle"?
- **a)** Mobile Funkstelle des Binnenschifffahrtsfunks
- **b)** Mobile Funkstelle des mobilen Seefunkdienstes
- **c)** Ortsfeste Funkstelle des Binnenschifffahrtsfunks
- **d)** Ortsfeste Funkstelle des mobilen Seefunkdienstes

26. Was ist eine „Seefunkstelle"?
- **a)** Funkstelle des Mobilen Seefunkdienstes an Bord eines nicht dauernd verankerten Seefahrzeugs
- **b)** Funkstelle des Mobilen Seefunkdienstes, die an Land als Küstenfunkstelle betrieben wird
- **c)** Funkstelle des Binnenschifffahrtsfunks, die im Seebereich an Bord eines Seeschiffes betrieben wird

d) Funkstelle des Mobilen Seefunkdienstes, die im Verkehrskreis Nautische Informationen betrieben wird

27. Wer darf eine Schiffsfunkstelle bedienen?

a) Inhaber eines gültigen Sprechfunkzeugnisses für den Binnenschifffahrtsfunk (UBI) oder eines gleichwertigen Zeugnisses
b) Personen, die ohne Aufsicht eines Funkzeugnisinhabers am Funkverkehr teilnehmen, sofern sie älter als 16 Jahre sind
c) Nur der Schiffsführer, wenn er über ein gültiges Sprechfunkzeugnis für den Binnenschifffahrtsfunk (UBI) verfügt
d) Personen, die über einen Sportbootführerschein-Binnen und über die Erlaubnis des Schiffsführers verfügen

28. Wer stellt in Deutschland die Frequenzzuteilungsurkunde für eine Schiffsfunkstelle aus?
a) Bundesnetzagentur (BNetzA)
b) Bundesamt für Seeschifffahrt und Hydrographie (BSH)
c) Generaldirektion Wasserstraßen und Schifffahrt (GDWS)
d) Wasserstraßen- und Schifffahrtsamt (WSA)

29. Der Betrieb einer Schiffsfunkstelle ohne Zuteilungsurkunde (Ship Station Licence) verstößt gegen Vorschriften.....
a) des Telekommunikationsgesetzes (TKG)
b) der Binnenschifffahrtstraßenordnung (BinSchStrO)
c) des Gesetzes über Funkanlagen und Telekommunikationsendeinrichtungen (FTEG)
d) der Binnenschifffahrt-Sprechfunkverordnung (BinSchSprFunkV)

30. Die Bedienung einer Schiffsfunkstelle ohne Erlaubnis (UKW-Sprechfunkzeugnis) verstößt gegen Vorschriften...
a) der Binnenschifffahrt-Sprechfunkverordnung (BinSchSprFunkV)
b) der Binnenschifffahrtstraßenordnung (BinSchStrO)
c) des Gesetzes über Funkanlagen und Telekommunikationsendeinrichtungen (FTEG)
d) des Telekommunikationsgesetzes (TKG)

31. Welches amtliche Dokument für eine Schiffsfunkstelle muss sich an Bord befinden?
a) Zuteilungsurkunde (Ship Station Licence)
b) UKW-Sprechfunkzeugnis (UBI)
c) UKW-Betriebszeugnis
d) Zulassungsurkunde

32. Die telekommunikationsrechtliche Überprüfung einer Schiffsfunkstelle wird durchgeführt von...
a) Bundesnetzagentur (BNetzA)
b) Bundesamt für Seeschifffahrt und Hydrographie (BSH)
c) Generaldirektion Wasserstraßen und Schifffahrt (GDWS)
d) Wasserstraßen- und Schifffahrtsamt (WSA)

33. Wer ist bei Eignerwechsel eines Binnenschiffes in Bezug auf die Schiffsfunkstelle zu benachrichtigen?
a) Die Bundesnetzagentur (BNetzA)
b) Bundesamt für Seeschifffahrt und Hydrographie (BSH)
c) Generaldirektion Wasserstraßen und Schifffahrt (GDWS)

d) Das Wasserstraßen- und Schifffahrtsamt (WSA)

34. Wer ist bei technischen Änderungen an einer Schiffsfunkstelle, z. B. bei Änderung des Gerätebestands, schriftlich zu informieren?
a) Bundesnetzagentur (BNetzA)
b) Bundesamt für Seeschifffahrt und Hydrographie (BSH)
c) Generaldirektion Wasserstraßen und Schifffahrt (GDWS)
d) Wasserstraßen- und Schifffahrtsamt (WSA)

35. Wer kann die Einstellung des Betriebes einer Schiffsfunkstelle anordnen?
a) Bundesnetzagentur (BNetzA)
b) Bundesamt für Seeschifffahrt und Hydrographie (BSH)
c) Generaldirektion Wasserstraßen und Schifffahrt (GDWS)
d) Wasserstraßen- und Schifffahrtsamt (WSA)

36. Welche Teile des Handbuchs Binnenschifffahrtsfunk müssen bei einer Schiffsfunkstelle mitgeführt werden?
a) Allgemeiner Teil sowie Regionale Teile für die Strecken, in denen die Schiffsfunkstelle am Binnenschifffahrtsfunk teilnimmt
b) Regionale Teile für die Strecke, in der sich die Schiffsfunkstelle gerade befindet
c) Regionale Teile für alle europäischen Wasserstraßen
d) Allgemeiner Teil sowie Regionale Teile des Landes, in dem die Schiffsfunkstelle angemeldet wurde

37. Woraus besteht das Rufzeichen für eine deutsche Schiffsfunkstelle?
a) Zwei Buchstaben der Rufzeichenreihe für Deutschland, gefolgt von vier Ziffern
b) Vier Buchstaben der Rufzeichenreihe für Deutschland, gefolgt von vier Ziffern
c) Zwei Buchstaben der Rufzeichenreihe für Deutschland, gefolgt von zwei Ziffern
d) Vier Buchstaben der Rufzeichenreihe für Deutschland, gefolgt von zwei Ziffern

38. Welches der nachfolgend angegebenen Rufzeichen kennzeichnet eine Schiffsfunkstelle?
a) DA 5005
b) DABC 55
c) DA5 0BC
d) DA 505B

39. Was bedeutet „ATIS"?
a) Automatisches Senderidentifizierungssystem
b) Automatisches Schiffsidentifizierungssystem
c) Automatisches Verkehrsinformationssystem
d) Automatisches Transponderabfragesystem

40. Welchem Zweck dient die Aussendung des ATIS-Codes?
a) Identifizierung einer Schiffsfunkstelle
b) Identifizierung einer Seefunkstelle
c) Identifizierung des Bedieners der Schiffsfunkstelle
d) Identifizierung des Verkehrskreises

41. Wie setzt sich ein ATIS-Code zusammen?

a) Aus 10 Ziffern: der Ziffer 9, der dreistelligen Seefunkkennzahl (MID) und 6 Ziffern
b) Aus 10 Ziffern: der dreistelligen Seefunkkennzahl (MID), 6 Ziffern
c) Aus 10 Ziffern: der Ziffer 9, zwei Nullen, der dreistelligen Seefunkkennzahl (MID) und 4 Ziffern
d) Aus 10 Ziffern: zwei Nullen, der dreistelligen Seefunkkennzahl (MID) und 5 Ziffern

42. Wann wird das ATIS-Signal ausgesendet?

a) Automatisch nach dem Loslassen der Sprechtaste
b) Automatisch beim Drücken der Sprechtaste
c) Automatisch alle 10 Minuten
d) Automatisch bei Kanalwechsel

43. Welchen ATIS-Code sendet eine tragbare Funkanlage aus?

a) ATIS-Code der Schiffsfunkstelle, zu der sie gehört
b) ATIS-Code, der ihr gesondert mit der Zuteilungsurkunde (Ship Station Licence) zugewiesen wurde
c) ATIS-Code der ortsfesten Funkstelle
d) ATIS-Code der Schiffsfunkstelle und die Gerätenummer

44. Was ist ein „ATIS-Killer"?

a) Zusatzeinrichtung in der Funkanlage zur akustischen Unterdrückung des empfangenen ATIS-Signals
b) Zusatzeinrichtung in der Funkanlage zur optischen Unterdrückung des empfangenen ATIS-Signals
c) Zusatzeinrichtung in der Funkanlage zur Unterdrückung der versehentlichen Aussendung des ATIS-Signals
d) Zusatzeinrichtung in der Funkanlage zur Unterdrückung der Aussendung des ATIS-Signals

45. Was versteht man unter „AIS"?

a) Automatisches Schiffsidentifizierungs- und Überwachungssystem, das statische, dynamische und reisebezogene Informationen auf UKW übermittelt
b) Allgemeines Informationssystem für die Binnenschifffahrt
c) Automatische Aussendung der Kennung eines Binnenschiffes beim Loslassen der Sprechtaste
d) Identifizierung eines Schiffes mit Hilfe von Radarpeilungen und deren Weitergabe an die Schifffahrt zur Kollisionsverhütung

46. Welche Informationen werden bei AIS automatisch ausgetauscht?

a) Statische Informationen (z. B. Schiffsname), dynamische Informationen (z. B. Kurs) und reisebezogene Informationen (z. B. Bestimmungsort)
b) Statische Informationen (z. B. Schiffsname), notfallbezogene Informationen (z. B. Notalarme) und reisebezogene Informationen (z. B. Bestimmungsort)
c) Statische Informationen (z. B. Schiffsname), reisebezogene Informationen (z. B. Bestimmungsort) und dringende Informationen (z. B. Treibstoffmangel)
d) Statische Informationen (z. B. Schiffsname), dynamische Informationen (z. B. Kurs) und notfallbezogene Informationen (z. B. Notalarme)

47. Was ist beim Betrieb einer Amateurfunkstelle an Bord eines Binnenschiffes, das mit einer Schiffsfunkstelle ausgerüstet ist, zu beachten?

a) Die Amateurfunkstelle darf nur mit Zustimmung des Schiffsführers betrieben werden und keine schädlichen Störungen bei der Schiffsfunkstelle oder bei sonstigen nautischen und technischen Einrichtungen des Fahrzeugs verursachen.

b) Die Amateurfunkstelle darf nur mit Zustimmung des Schiffsführers und zur Vermeidung von schädlichen Störungen nur mit einer Leistung von bis zu 5 Watt betrieben werden
c) Die Amateurfunkstelle darf nur mit Zustimmung der Revierzentrale betrieben werden und keine schädlichen Störungen bei der Schiffsfunkstelle oder bei sonstigen nautischen und technischen Einrichtungen des Fahrzeugs verursachen
d) Die Amateurfunkstelle darf nur nach Eintragung in die Zuteilungsurkunde (Ship Station Licence) der Schiffsfunkstelle betrieben werden und keine schädlichen Störungen bei der Schiffsfunkstelle oder bei sonstigen nautischen und technischen Einrichtungen des Fahrzeugs verursachen

48. Was bedeutet die Angabe „Betriebsspannung 10,8 – 14,6 V=" in der Bedienungsanleitung für eine Funkanlage?
a) Es ist eine Gleichspannung zwischen 10,8 und 14,6 Volt für den Betrieb erforderlich
b) Es ist eine Wechselspannung zwischen 10,8 und 14,6 Volt für den Betrieb erforderlich
c) Es ist eine Gleichspannung von 12,7 Volt (Mittelwert zwischen 10,8 und 14,6 Volt) für den Betrieb erforderlich.
d) Es ist eine Wechselspannung von 12,7 Volt (Mittelwert von 10,8 bis 14,6 Volt) für den Betrieb notwendig

49. Was ist beim Kauf eines UKW-Sprechfunkgerätes für den Binnenschifffahrtsfunk zu beachten?
a) Das Funkgerät muss zugelassen oder für die Teilnahme am Binnenschifffahrtsfunk in Verkehr gebracht worden sein
b) Das Funkgerät muss funktionsfähig und für die Teilnahme am Binnenschifffahrtsfunk TÜV-geprüft sein
c) Das Funkgerät muss für die Teilnahme am Binnenschifffahrtsfunk eine ATIS-Schnittstelle besitzen und Wetterberichte empfangen können
d) Das Funkgerät muss gemäß der Binnenschifffahrt-Sprechfunkverordnung für die Teilnahme am Binnenschifffahrtsfunk zugelassen sein

50. Je höher die Antenne angebracht ist, desto...
a) größer ist die Reichweite
b) größer ist die erforderliche Sendeleistung
c) wetterunabhängiger ist der Funkverkehr
d) größer ist die Gefährdung von Personen in elektromagnetischen Feldern

51. Bei einer Beschädigung der äußeren Isolierung (Mantel) des Antennenkabels sollte das Antennenkabel...
a) umgehend erneuert werden
b) bei Gelegenheit erneuert werden
c) umgehend hilfsweise durch ein Stromkabel ersetzt werden
d) bei Gelegenheit gegen eindringende Feuchtigkeit gesichert werden

52. Eine Schiffsfunkstelle empfängt auf allen UKW-Kanälen nur starkes Rauschen. Was könnte die mögliche Ursache für die Störung sein?
a) Die Antenne oder das Antennenkabel ist möglicherweise beschädigt
b) Der Empfang wird durch atmosphärische Störungen beeinträchtigt
c) Eine unbeabsichtigte Aussendung einer anderen Schiffsfunkstelle blockiert die UKW-Kanäle
d) Die Funkantenne wurde in zu geringer Nähe zur Radarantenne angebracht

53. Worauf ist beim Austausch einer defekten UKW-Antenne bei einer Schiffsfunkstelle durch eine Ersatzantenne zu achten?

a) Die Ersatzantenne muss für den Frequenzbereich des Binnenschifffahrtsfunks ausgelegt sein
b) Die Ersatzantenne muss wettergeschützt angebracht werden
c) Die Ersatzantenne muss außerhalb des Abdeckungsbereichs des Radars angebracht werden
d) Die Ersatzantenne muss am höchsten Punkt des Fahrzeugs angebracht werden

54. Wozu dient am UKW-Gerät die Rauschsperre (Squelch SQL)?
a) Die Wiedergabe des Empfängers wird nur bei einem brauchbaren Empfangssignal aktiviert
b) Das Rauschen kann stufenlos auf einen angenehmen Wert eingestellt werden
c) Die Rauschsperre verbessert die Wiedergabe von schwachen Empfangssignalen
d) Die Wiedergabe des Empfängers wird nur beim Empfang von Notsignalen aktiviert

55. Wozu dient ein „Verkehrskreis" im Binnenschifffahrtsfunk?
a) Zuordnung von Sprechfunk-Kanälen für bestimmte Zwecke
b) Zuordnung von Sprechfunk-Kanälen für bestimmte Schiffsfunkstellen
c) Zuordnung der Rangfolge von bestimmten Arten von Funkgesprächen
d) Zuordnung von Sprechfunk-Rufzeichen für bestimmte Funkstellen

56. Welche Verkehrskreise werden im Binnenschifffahrtsfunk betrieben?
a) Schiff – Schiff, Nautische Informationen, Schiff – Hafenbehörde, Funkverkehr an Bord
b) Schiff – Schiff, Schiff - Verkehrszentrale, Schiff – Hafenbehörde, Funkverkehr an Bord
c) Schiff – Schiff, Nautische Informationen, Schiff – Hafenbehörde, Schiff – Verkehrsposten
d) Schiff – Schiff, Nautische Informationen, Schiff – Hafenbehörde, Schiff - Landfunkstelle

57. Wo findet man Angaben über Verkehrskreise des Binnenschifffahrtsfunks?
a) Binnenschifffahrt-Sprechfunkverordnung
b) Regionaler Teil Deutschland des Handbuchs Binnenschifffahrtsfunk
c) Gesetz über Funkanlagen und Telekommunikationsendeinrichtungen (FTEG)
d) Binnenschifffahrtsstraßenordnung

58. Die Verkehrskreise „Nautische Informationen" und „Schiff – Hafenbehörde" werden...
a) nicht auf allen Bundeswasserstraßen angeboten
b) auf allen Bundeswasserstraßen angeboten
c) in Häfen und ausgewiesenen Liegestellen angeboten
d) auf dem Rhein, auf der Donau und auf der Mosel angeboten

59. Wozu dient der Verkehrskreis „Schiff – Schiff"?
a) Funkverkehr zwischen Schiffsfunkstellen
b) Funkverkehr zwischen Schiffsfunkstellen und Funkstellen der Behörden, die für die Betriebsdienste auf Binnenwasserstraßen zuständig sind
c) Funkverkehr von Schiffsfunkstellen über Landfunkstellen mit dem öffentlichen Telekommunikationsnetz
d) Funkverkehr zwischen Handfunkgeräten auf einem Schiff

60. Welche Nachrichten werden im Verkehrskreis „Schiff – Schiff" übermittelt?
a) Nachrichten, die sich auf den Schutz von Personen oder auf die Fahrt oder auf die Sicherheit von Schiffen beziehen
b) Nachrichten über den Zustand der Wasserstraßen, über Verkehrsberatung und zur Verkehrslenkung zwischen Schiffsfunkstellen und Landfunkstellen
c) Nachrichten über die Zuweisung von Liegeplätzen oder über die Fahrt in den Häfen
d) Nachrichten über schiffsbetriebliche Angelegenheiten, die sich auf die Sicherheit von Schiffen beziehen

61. Welche Funkstelle ist nicht dem Verkehrskreis „Schiff-Schiff" zugeordnet?
- **a)** Duisburg Hafen
- **b)** Segelyacht Robbe DA 5005
- **c)** Speyer Fähre
- **d)** MS Mainz

62. Welche Funkstelle kann am Verkehrskreis „Schiff-Schiff" teilnehmen?
- **a)** Segelyacht Robbe DA 5005
- **b)** Lauenburg Schleuse
- **c)** Duisburg Hafen
- **d)** Minden Revierzentrale

63. Wozu dient der Verkehrskreis „Nautische Informationen"?
- **a)** Funkverkehr zwischen Schiffsfunkstellen und Funkstellen der Behörden, denen der Betrieb der Bundeswasserstraßen obliegt
- **b)** Funkverkehr von Schiffsfunkstellen über Landfunkstellen mit dem öffentlichen Telekommunikationsnetz
- **c)** Funkverkehr zwischen Schiffsfunkstellen
- **d)** Funkverkehr zwischen Schiffsfunkstellen und Landfunkstellen von Hafenbehörden.

64. Welche Nachrichten werden im Verkehrskreis „Nautische Informationen" übermittelt?
- **a)** Nachrichten über den Zustand der Wasserstraßen, über Verkehrsberatung und zur Verkehrslenkung
- **b)** Nachrichten über die Zuweisung von Liegeplätzen oder über die Fahrt in den Häfen
- **c)** Nachrichten, die sich auf Funkverkehr zwischen Schiffsfunkstellen beziehen
- **d)** Nachrichten über schiffsbetriebliche Angelegenheiten

65. Wodurch kann bei einem nicht funkausrüstungspflichtigen Fahrzeug die ununterbrochene Teilnahme am Verkehrskreis „Nautische Informationen" sichergestellt werden?
- **a)** Zusätzliche UKW-Funkanlage für den Binnenschifffahrtsfunk
- **b)** Zweikanalüberwachung (Dual Watch)
- **c)** Ununterbrochene Empfangsbereitschaft auf Kanal 10
- **d)** Einschalten des Kanals der Funkstelle der zuständigen Hafenbehörde

66. Welche Funkstelle ist nicht dem Verkehrskreis „Nautische Informationen" zugeordnet?
- **a)** Neuss Hafen
- **b)** Iffezheim Schleuse
- **c)** Gerstheim Ecluse
- **d)** Oberwesel Revierzentrale

67. Welche Funkstelle ist dem Verkehrskreis „Nautische Informationen" zugeordnet?
- **a)** Iffezheim Schleuse
- **b)** Neuss Hafen
- **c)** Diffenébrücke Mannheim
- **d)** Mannheim Hafenschleuse

68. Wozu dient der Verkehrskreis „Schiff – Hafenbehörde"?
- **a)** Funkverkehr zwischen Schiffsfunkstellen und Landfunkstellen von Hafenbehörden
- **b)** Funkverkehr von Schiffsfunkstellen über Landfunkstellen mit dem öffentlichen Telekommunikationsnetz
- **c)** Funkverkehr zwischen Schiffsfunkstellen in Häfen

d) Funkverkehr an Bord eines Schiffes oder innerhalb einer Gruppe von Fahrzeugen, die geschleppt oder geschoben werden

69. Welche Nachrichten werden im Verkehrskreis „Schiff – Hafenbehörde" übermittelt?

a) Nachrichten über die Zuweisung von Liegeplätzen oder über die Fahrt in den Häfen
b) Nachrichten über den Zustand der Wasserstraßen, über Verkehrsberatung und zur Verkehrslenkung
c) Nachrichten, die sich auf Funkverkehr zwischen Schiffsfunkstellen beziehen
d) Nachrichten über schiffsbetriebliche Angelegenheiten.

70. Welchem Verkehrskreis ist die Landfunkstelle Düsseldorf Marina zugeordnet?

a) Schiff – Hafenbehörde
b) Schiff – Schiff
c) Nautische Informationen
d) Funkverkehr an Bord

71. Welche Funkstelle ist nicht dem Verkehrskreis „Schiff-Hafenbehörde" zugeordnet?

a) Gerstheim Ecluse
b) Mannheim Hafenschleuse
c) Segelyacht Robbe DA 5005
d) Duisburg Hafen

72. Welche Funkstelle ist dem Verkehrskreis „Schiff-Hafenbehörde" zugeordnet?

a) Duisburg Hafen
b) Gerstheim Ecluse
c) Rothensee Hebewerke
d) Lauenburg Schleuse

73. Wozu dient der Verkehrskreis „Funkverkehr an Bord"?

a) Funkverkehr an Bord eines Schiffes oder innerhalb einer Gruppe von Fahrzeugen, die geschleppt oder geschoben werden
b) Funkverkehr zwischen Schiffsfunkstellen und Landfunkstellen von Hafenbehörden
c) Funkverkehr von Schiffsfunkstellen über Landfunkstellen mit dem öffentlichen Telekommunikationsnetz
d) Funkverkehr zwischen Schiffsfunkstellen in Häfen

74. Welche Nachrichten werden im Verkehrskreis „Funkverkehr an Bord" übermittelt?

a) Nachrichten über schiffsbetriebliche Angelegenheiten sowie bei Anweisungen für das Arbeiten mit Leinen und für das Ankern
b) Nachrichten über die Zuweisung von Liegeplätzen oder über die Fahrt in den Häfen
c) Nachrichten über den Zustand der Wasserstraßen, über Verkehrsberatung und zur Verkehrslenkung zwischen Schiffsfunkstellen und Landfunkstellen
d) Nachrichten, die sich auf den Schutz von Personen und auf die Fahrt oder auf die Sicherheit von Schiffen beziehen

75. Welche UKW-Kanäle dürfen im Verkehrskreis „Funkverkehr an Bord" benutzt werden?

a) 15 und 17
b) 72 und 77
c) 06 und 16
d) 18 und 22

76. In welchem Verkehrskreis dürfen tragbare Funkanlagen in Deutschland benutzt werden?

a) Funkverkehr an Bord
b) Schiff - Hafenbehörde
c) Nautische Informationen
d) Schiff - Schiff

77. Welche Schiffe mit Schiffsfunkstellen dürfen nicht am Verkehrskreis „Funkverkehr an Bord" teilnehmen?
a) Kleinfahrzeuge
b) Schlepp- und Schubschiffe
c) Behördenfahrzeuge
d) Fahrgastschiffe

78. Welche Kennung müssen Schiffsfunkstellen in den Verkehrskreisen „Schiff - Schiff", „Nautische Informationen" und „Schiff - Hafenbehörde" im Sprechfunkverkehr verwenden?
a) Schiffsname und Rufzeichen
b) ATIS-Kennung
c) Rufnummer im Seefunkdienst (MMSI)
d) Heimathafen

79. In welchen Verkehrskreisen müssen Schiffsfunkstellen, ausser auf Kleinfahrzeugen, während der Fahrt empfangsbereit sein?
a) Mindestens in zwei der Verkehrskreise Schiff - Schiff, Nautische Informationen oder Schiff - Hafenbehörde
b) Mindestens in drei der Verkehrskreise Schiff - Schiff, Nautische Informationen, Funkverkehr an Bord oder Schiff - Hafenbehörde
c) Mindestens in einem der Verkehrskreise Schiff - Schiff, Nautische Informationen oder Schiff - Hafenbehörde
d) Mindestens abwechselnd in einem der Verkehrskreise Schiff - Schiff, Nautische Informationen, Funkverkehr an Bord oder Schiff - Hafenbehörde

80. Wo findet man Regelungen über die Abwicklung des Binnenschifffahrtsfunks?
a) Allgemeiner Teil des Handbuchs Binnenschifffahrtsfunk
b) Regionaler Teil Deutschland des Handbuchs Binnenschifffahrtsfunk
c) Binnenschifffahrt-Sprechfunkverordnung
d) Binnenschifffahrtsstraßenordnung

81. Wo findet man die empfohlenen fremdsprachlichen Redewendungen für die Abwicklung des Binnenschifffahrtsfunks?
a) Regionale Teile des Handbuchs Binnenschifffahrtsfunk
b) Allgemeiner Teil des Handbuchs Binnenschifffahrtsfunk
c) Binnenschifffahrt-Sprechfunkverordnung
d) Binnenschifffahrtsstraßenordnung

82. Wozu dient die Internationale Buchstabiertafel im Binnenschifffahrtsfunk?
a) Zum Buchstabieren schwieriger Wörter, Namen und Bezeichnungen innerhalb von Meldungen, um Übermittlungsfehler zu vermeiden
b) Zum Buchstabieren schwieriger Wörter, Namen und Bezeichnungen, um die Vorschriften der Binnenschifffahrt-Sprechfunkverordnung zu erfüllen
c) Zum Buchstabieren schwieriger Wörter, Namen und Bezeichnungen, um die Wichtigkeit der buchstabierten Begriffe zu betonen
d) Zum Buchstabieren schwieriger Wörter, Namen und Bezeichnungen, um Informationen zu verschlüsseln

83. Wo findet man Angaben über die UKW-Kanäle, die im Binnenschifffahrtsfunk in bestimmten Regionen benutzt werden sollen?

a) Regionale Teile des Handbuchs Binnenschifffahrtsfunk
b) Schifffahrtspolizeiverordnungen, z.B. Rheinschifffahrtspolizeiverordnung
c) Binnenschifffahrtsstraßenordnung
d) Binnenschifffahrt-Sprechfunkverordnung

84. Was bedeutet die Betriebsart „Simplex"?

a) Wechselsprechen
b) Gegensprechen
c) Sprechen über Ober- und Unterband
d) Sprechen mit einem Funkgerät

85. Wie erfolgt die Verkehrsabwicklung in der Betriebsart „Simplex"?

a) Jeder Gesprächspartner kann entweder senden oder empfangen
b) Beide Gesprächspartner können gleichzeitig senden und empfangen
c) Nach den Vorgaben der Revierzentrale
d) Der Funkverkehr kann nur in Richtung Landfunkstelle-Schiffsfunkstelle betrieben werden

86. Was bedeutet die Betriebsart „Duplex"?

a) Gegensprechen
b) Wechselsprechen
c) Sprechen mit zwei Funkgeräten
d) Sprechen auf einer Frequenz

87. Was ist Semi-Duplex?

a) Wechselsprechen auf einem Duplex-Kanal
b) Wechselsprechen auf einem Simplex-Kanal
c) Gegensprechen auf einem Duplex-Kanal
d) Gegensprechen auf einem Simplex-Kanal

88. Warum kann die Hörbereitschaft auf zwei Kanälen im Binnenschifffahrtsfunk nicht durch die Zweikanalüberwachung (Dual Watch) wahrgenommen werden?

a) Die Zweikanalüberwachung ermöglicht nicht den gleichzeitigen Empfang auf zwei Funkkanälen
b) Die Zweikanalüberwachung vermindert die Empfangsreichweite der Funkanlage
c) Die Zweikanalüberwachung wertet die ATIS-Kennungen anderer Funkstellen nicht aus
d) Die Zweikanalüberwachung funktioniert nur in bestimmten Verkehrskreisen

89. Wie erfolgt die Leistungsreduzierung beim Sendebetrieb einer Schiffsfunkstelle auf dem UKW-Kanal 10?

a) Automatisch
b) Manuell
c) Durch die Revierzentrale
d) Durch längeres Drücken der Sendetaste

90. Mit welcher Leistung sendet eine Schiffsfunkstelle auf UKW-Kanal 10?

a) 0,5 bis 1 Watt
b) 2 bis 5 Watt
c) 0,5 bis 25 Watt
d) 10 bis 25 Watt

91. Auf welchem UKW-Kanal müssen Schiffsfunkstellen – unabhängig von dem befahrenen Streckenabschnitt – während der Fahrt ständig empfangsbereit sein?

a) 10
b) 72
c) 20
d) 13

92. Welcher UKW-Kanal darf im Binnenschifffahrtsfunk auf den Bundeswasserstraßen der Zonen 3 und 4 nicht benutzt werden?

a) 16
b) 72
c) 10
d) 77

93. Wozu dienen im Binnenschifffahrtsfunk die UKW-Kanäle 72 und 77?

a) Funkverkehr sozialer Art
b) Nautische Absprachen
c) Funkverkehr mit einer Revierzentrale
d) Anrufe an eine Schleuse

94. Welche UKW-Kanäle dürfen für „Nachrichten sozialer Art" benutzt werden?

a) 72 und 77
b) 15 und 17
c) 06 und 16
d) 20 und 22

95. Welche Fahrzeuge unterliegen auf bestimmten Wasserstraßen und an besonderen Stellen einer Meldepflicht?

a) Gefahrgutschiffe und Sondertransporte
b) Motorfahrzeuge mit einer Gesamtlänge von mehr als 20 Metern
c) Fahrgastschiffe mit mehr als 20 Passagieren
d) Sportboote unter Segel

96. Vor jeder Aussendung ist durch kurzzeitiges Öffnen der Rauschsperre sicherzustellen, dass...

a) kein anderer Funkverkehr gestört wird
b) die Sendeleistung auf 25 Watt eingestellt ist
c) die ATIS-Kennung zuvor ausgesendet wird
d) die Rauschsperre geöffnet ist

97. Die längere Aussendung einer anderen Schiffsfunkstelle auf Kanal 10 kann...

a) nicht unterbrochen werden
b) jederzeit unterbrochen werden
c) durch Schiffsfunkstellen desselben Verkehrskreises unterbrochen werden
d) jederzeit durch Landfunkstellen unterbrochen werden

98. Längere Aussendungen auf Kanal 10 sollen vermieden werden, weil sie...

a) nicht durch andere Schiffsfunkstellen unterbrochen werden können
b) durch Landfunkstellen nur im Notfall unterbrochen werden können
c) den Empfang des ebenfalls im UKW-Bereich arbeitenden AIS stören können
d) in der Nähe von Landesgrenzen andere Funkdienste im Ausland stören können

99. Was hat eine Schiffsfunkstelle im Verkehr mit einer Funkstelle des Verkehrskreises Nautische Information zu beachten?

a) Anweisungen der Landfunkstelle sind zu befolgen
b) Nachrichten mit der Landfunkstelle sind auf Kanal 16 auszutauschen
c) Sendeleistung ist zu reduzieren
d) Hörbereitschaft auf Kanal 13 ist sicherzustellen

100. Was kann die Funkverbindung zwischen einer Schiffsfunkstelle und einer Seefunkstelle beeinträchtigen?

a) Die Schiffsfunkstelle sendet auf bestimmten UKW-Kanälen nur mit automatisch reduzierter Leistung
b) Die Seefunkstelle sendet auf bestimmten UKW-Kanälen nur mit automatisch reduzierter Leistung
c) Die Schiffsfunkstelle kann die AIS-Aussendung der Seefunkstelle auf bestimmten UKW-Kanälen nicht auswerten
d) Die Seefunkstelle kann die ATIS-Aussendung der Schiffsfunkstelle auf bestimmten UKW-Kanälen nicht auswerten

101. Warum dürfen Seefunkstellen mit ihrer Seefunkanlage nicht am Binnenschifffahrtsfunk teilnehmen?

a) Seefunkanlagen verfügen weder über eine automatische Sendeleistungsreduzierung auf bestimmten UKW-Kanälen noch können sie einen ATIS-Code aussenden
b) Seefunkanlagen nutzen ein anderes Frequenzband als Binnenschifffahrtsfunkanlagen
c) Seefunkanlagen verfügen über einen DSC-Controller, der mit dem ATIS-System nicht kompatibel ist
d) Seefunkanlagen ermöglichen die Hörbereitschaft auf den UKW-Kanälen 16 und 70

102. Die Verwendung des Digitalen Selektivrufs (DSC) ist ...

a) im Binnenschifffahrtsfunk nicht zulässig
b) eingeführt zur Verbindungsaufnahme mit anderen Schiffsfunkstellen
c) eingeführt zur Identifizierung von Schiffsfunkstellen
d) im Binnenschifffahrtsfunk zulässig für Notalarme

103. Welche Sprache muss bei Verbindungen zwischen deutschen Schiffsfunkstellen und ausländischen Landfunkstellen benutzt werden?

a) Sprache des Landes, in dem sich die Landfunkstelle befindet
b) Heimatsprache des Funkers
c) Vorrangig Englisch
d) Vorrangig Deutsch

104. Was ist bei Testaussendungen im Binnenfunk zu beachten?

a) Die Aussendungen dürfen 10 Sekunden nicht überschreiten; sie müssen den Rufnamen der aussendenden Funkstelle enthalten, gefolgt von dem Wort „Test“
b) Die Aussendungen dürfen 20 Sekunden nicht überschreiten und müssen mit einer Kennung des Schiffes ausgestrahlt werden
c) Die Aussendungen dürfen einmal nach Einbau des Gerätes ohne Antenne erfolgen und müssen mit dem Wort „Test“ gekennzeichnet werden
d) Die Aussendungen dürfen nur außerhalb der Hoheitsgewässer erfolgen

105. Wann müssen Meldungen grundsätzlich bestätigt werden?

a) Auf Verlangen
b) Immer

c) Niemals
d) Bei Verständigungsschwierigkeiten

106. Woran erkennt man beim Befahren von Binnenwasserstraßen, welcher UKW-Kanal im Schleusenbereich zu benutzen ist?
a) Tafelzeichen
b) Schwimmende Schifffahrtszeichen
c) Durchsage der Revierzentrale
d) Lichtzeichen der Schleuse

107. Welche Bedeutung hat ein weißes Tafelzeichen mit rotem Rand und der schwarzen Aufschrift „UKW 20“ oder „VHF 20“?
a) Gebot, UKW-Kanal 20 zu benutzen
b) Gebot, eine Sendeleistung von 20 Watt zu gewährleisten
c) Hinweis, dass der Verkehrskreis Schiff-Schiff auf UKW-Kanal 20 abzuwickeln ist
d) Hinweis, dass der UKW-Kanal 20 für die Nutzung durch die Berufsschifffahrt vorgesehen ist

108. Welche Bedeutung hat ein blaues Tafelzeichen mit weißer Aufschrift „UKW 18“ oder „VHF 18“?
a) Hinweis auf den Nautischen Informationsfunk (NIF) auf UKW-Kanal 18
b) Gebot, UKW-Kanal 18 statt 10 für die Verkehrsabwicklung zu benutzen
c) Hinweis, dass der Verkehrskreis Schiff-Schiff auf UKW-Kanal 18 abzuwickeln ist
d) Hinweis, dass der UKW-Kanal 18 für die Nutzung durch die Sportschifffahrt vorgesehen ist

109. Welche Landfunkstellen sind zur Einleitung von Rettungsmaßnahmen vorzugsweise anzurufen?
a) Revierzentralen
b) Rettungsleitstellen
c) Schiffsfunkstellen
d) Polizeifunkstellen

110. Wie ist die Rangfolge des Funkverkehrs im Binnenschifffahrtsfunk?
a) Notverkehr, Dringlichkeitsverkehr, Sicherheitsverkehr, Routineverkehr
b) Dringlichkeitsverkehr, Notverkehr, Sicherheitsverkehr, Routineverkehr
c) Sicherheitsverkehr, Dringlichkeitsverkehr, Notverkehr, Routineverkehr
d) Notverkehr, Dringlichkeitsverkehr, Routineverkehr, Sicherheitsverkehr

111. Wie heißt das Notzeichen im Sprechfunk?
a) MAYDAY
b) PAN PAN
c) SOS
d) SECURITE

112. Ein Notverkehr im Binnenschifffahrtsfunk muss eingeleitet werden, wenn eine unmittelbare Gefährdung von Mensch oder Schiff gegeben ist oder...
a) eine Gefahrenabwehr an Land notwendig ist
b) das Schiff manövrierunfähig ist
c) gefährliche Wetterlagen auftreten
d) eine Behinderung der Schifffahrt droht

113. Welcher Funkverkehr ist einzuleiten, wenn sich an Bord eine lebensgefährlich verletzte Person befindet?
a) Notverkehr

b) Dringlichkeitsverkehr
c) Sicherheitsverkehr
d) Routineverkehr

114. Welcher Funkverkehr ist einzuleiten, wenn eine Person über Bord gefallen ist?
a) Notverkehr
b) Dringlichkeitsverkehr
c) Sicherheitsverkehr
d) Routineverkehr

115. Welcher Funkverkehr ist einzuleiten, wenn das Fahrzeug in gefährlicher Weise zu kentern droht?
a) Notverkehr
b) Dringlichkeitsverkehr
c) Sicherheitsverkehr
d) Routineverkehr

116. Wer bestätigt eine Notmeldung im Verkehrskreis „Nautische Informationen"?
a) Ortsfeste Funkstelle
b) Behördenfahrzeuge
c) In der Nähe befindliche Schiffsfunkstelle
d) Der Schiffsführer

117. Wer bestätigt eine Notmeldung im Verkehrskreis „Schiff-Schiff"?
a) In der Nähe befindliche Schiffsfunkstelle
b) Ortsfeste Funkstelle
c) Verkehrsposten
d) Der Schiffsführer

118. Was bedeuten die Worte MAYDAY RELAY?
a) Aussendung einer Notmeldung durch eine Funkstelle, die sich selbst nicht in Not befindet
b) Beendigung einer Notmeldung durch die Funkstelle, die den Notverkehr leitet
c) Bestätigung des Empfangs einer Notmeldung
d) Notmeldung an eine Landstation mit der Bitte um Leitung des Notverkehrs

119. Was bedeuten die Worte SILENCE FINI?
a) Der Notverkehr ist beendet
b) Einer Funkstelle, die den Notverkehr stört, wird Funkstille geboten
c) Dringlichkeits- und Sicherheitsverkehr darf wieder aufgenommen werden
d) Alle Funkstellen müssen Funkstille einhalten

120. Was bedeuten die Worte SILENCE MAYDAY?
a) Die Funkstelle in Not gebietet den nicht am Notverkehr beteiligten Funkstellen Funkstille
b) Der Notverkehr ist beendet
c) Die am Notverkehr beteiligten Funkstellen genießen Vorrang
d) Eine Notmeldung folgt

121. Woraus besteht das Dringlichkeitszeichen im Sprechfunk?
a) PAN PAN
b) MAYDAY
c) SECURITE
d) URGENT

122. Wann liegt ein Dringlichkeitsfall vor?

a) Wenn dringende Nachrichten übermittelt werden sollen, welche die Besatzung und/oder das Schiff betreffen, ohne dass eine unmittelbare Gefährdung gegeben ist

b) Wenn eine unmittelbare Gefährdung von Mensch oder Schiff gegeben ist oder eine Gefahrenabwehr an Land notwendig ist

c) Wenn dringende Nachrichten übermittelt werden sollen, welche den Empfang eines Notzeichens betreffen

d) Wenn dringende Nachrichten übermittelt werden sollen, welche die Unterstützung durch die Wasserschutzpolizei betreffen

123. Welche Meldungen können beispielsweise mit dem Dringlichkeitszeichen angekündigt werden?

a) Meldungen, die sich auf Krankheiten beziehen, die keine Lebensgefahr bedeuten, oder auf Schäden an Fahrzeugen, ohne dass davon eine unmittelbare Gefahr ausgeht

b) Meldungen, die sich auf eine unmittelbare Gefährdung von Mensch oder Schiff oder eine Gefahrenabwehr an Land beziehen

c) Meldungen, die sich auf Krankheiten beziehen, die keine Lebensgefahr bedeuten, oder auf Schäden an Fahrzeugen, von denen eine unmittelbare Gefahr ausgeht

d) Meldungen, die sich auf lebensgefährliche Krankheiten oder auf Schäden an Fahrzeugen oder Anlagen beziehen

124. Welcher Funkverkehr ist einzuleiten, wenn bei einer Person an Bord eine nicht lebensbedrohliche Verletzung festgestellt wurde, die kurzfristig ärztlicher Versorgung bedarf?

a) Dringlichkeitsverkehr

b) Notverkehr

c) Sicherheitsverkehr

d) Routineverkehr

125. Welcher Funkverkehr ist grundsätzlich einzuleiten, wenn das Fahrzeug einen Maschinenschaden hat, der die Sicherheit des Schiffsverkehrs gefährden kann?

a) Dringlichkeitsverkehr

b) Notverkehr

c) Sicherheitsverkehr

d) Routineverkehr

126. Wie lautet das Sicherheitszeichen im Sprechfunk?

a) SECURITE

b) MAYDAY

c) PAN PAN

d) SOS

127. Welche Meldungen werden mit dem Sicherheitszeichen SECURITE angekündigt?

a) Nachrichten, die eine wichtige nautische Warnnachricht oder eine wichtige Wetterwarnung beinhalten

b) Nachrichten, die eine wichtige nautische Warnnachricht oder den Radareinsatz bei unsichtigem Wetter beinhalten

c) Nachrichten, die eine wichtige Wetterwarnung oder Warnung zur Vermeidung von Umweltschäden beinhalten

d) Nachrichten, die eine wichtige nautische Warnnachricht oder eine dringende medizinische Meldung beinhalten

128. Welche Meldung ist zu verbreiten, wenn ein treibender Baumstamm beobachtet wird, der eine Gefahr für den Verkehr darstellt?

a) Sicherheitsmeldung
b) Notmeldung
c) Dringlichkeitsmeldung
d) gar keine Meldung

129. Welche Meldung ist zu verbreiten, wenn eine vertriebene Tonne beobachtet wird?

a) Sicherheitsmeldung
b) Notmeldung
c) Dringlichkeitsmeldung
d) gar keine Meldung

130. Wer entscheidet über die Art der auszusendenden Sprechfunkmeldung?

a) Schiffsführer
b) Bediener der Funkanlage
c) Wasserschutzpolizei
d) Revierzentrale

22. Abkürzungen

AA	Accounting Authority, Abrechnungsgesellschaft
AAIC	Accounting Authority Identification Code, Kennzeichnung einer Abrechnungsgesellschaft, z.B.: DP01 = Deutsche Telekom
ATIS	Automatic Transmitter Identification System, Automatisches Senderidentifizierungssystem im Binnenschifffahrtsfunk
BNetzA	Bundesnetzagentur
BRZ	Bruttoraumzahl (früher BRT). dimensionslose Zahl zur Angabe des Raumgehaltes eines Schiffes
BSH	Bundesamt für Seeschifffahrt und Hydrographie
BZT	Bundesamt für Zulassungen in der Telekommunikation (Saarbrücken), prüfte Funkeinrichtungen und erteilte das vorgeschriebene Zulassungszeichen (früher FTZ Darmstadt)
CES	Coast Earth Station, Küsten-Erdfunkstelle im Inmarsat Satellitenfunkdienst, gleichbedeutend mit LES = Land-Erdfunkstelle. Landstation, die Verbindungen zwischen den Satelliten und den Landnetzen (Telefon, Daten, Telex) herstellt.
Cospas	Cosmicheskaya Sistyeme Poiska Avariynich Sudov. Internationales satellitengestütztes Alarmierungs- und Ortungssystem (USA / Kanada / Frankreich / Russland) zur Ortung von havarierten Schiffen und Flugzeugen
DGzRS	Deutsche Gesellschaft zur Rettung Schiffbrüchiger
DSC	Digital Selective Calling, digitales Selektivrufverfahren in den Frequenzbereichen MF, HF, VHF
EPIRB	Emergency Position Indicating Radio Beacon, Seenotfunkbake zur Alarmierung und Kennzeichnung der Seenotposition
ETA	Estimated time of arrival - geschätzte Ankunftszeit
ETD	Estimated time of departure - geschätzte Abfahrtszeit
GMDSS	Global Maritime Distress and Safety System, weltweites Seenot- und Sicherheitsfunksystem
GPS	Global Positioning System, amerikanisches Satellitensystem zur Ortsbestimmung
GZ	Gesetzliche Zeit
IMO	International Maritime Organization, internationale Schifffahrts-Organisation
Inmarsat	International Maritime Satellite Organization; ab Ende 1995: International Mobile Satellite Organisation
LAT	Latitude - geographische Breite
LONG	Longitude - geographische Länge
LT	Local Time; Ortszeit
LUT	Local User Terminal. Erdfunkstelle im COSPAS/SARSAT Satelliten-System
MF	Medium Frequency - Mittelwelle / Grenzwelle(300 - 3.000 kHz)
MfS	Mitteilungen für Seefunkstellen und Schiffsfunkstellen
MHz	Megahertz (1.000 kHz)
MID	Maritime Identification Digit, 3-stellige Seefunkkennzahl eines Landes, BRD z.B.: 211 und 218 (ehemals DDR)
MIB	Melde- und Informationssystem in der Binnenschifffahrt
MMSI	Maritime Mobile Service Identity, 9-stellige Rufnummer des mobilen Seefunkdienstes zur einheitlichen Kennzeichnung von Funkstellen, deutsche SeeFuSt z.B.: 211604140
MRCC	Maritime Rescue Coordination Centre. Maritime Such-und Rettungsleitstelle, in Deutschland MRCC Bremen
MSI	Maritime Safety Information. Nachrichten für die Sicherheit der Seeschifffahrt.Verbreitung: terrestrisch und über

	Inmarsat-Satelliten
M/S	Motorschiff
M/V	Motorvessel
NAVAREA	durch die IMO/IHO festgelegter Vorhersage- und Warnbereich für die koordinierte Aussendung von nautischen Warnnachrichten, Einteilung der Weltmeere in 16 NAVAREAs
NAVTEX	Navigational Telex System. Informations- und Warndienst per Telex
NfS	Nachrichten für Seefahrer; wöchentliche Berichtigungen für nautische Unterlagen (Seekarten, Handbücher, usw.) und Informationen für den Seefunkdienst; Herausgeber: BSH
NIF	Nautischer Informationsfunk. Umfasst die Aufgaben des Schleusenfunks, der Revierzentralen, der Verkehrsposten und der Blockkanäle.
NX	Nautische Warnnachricht
OSC	On-scene coordinator - Einsatzleiter vor Ort
RACON	Radar Beacon / Radar Reconnaissance. Radar- Antwortbake bei Seezeichen
RCC	Rescue Coordination Centre - SAR-Leitstelle
RX	Receiver, Empfänger
RR	Radio Regulations; deutsche Fassung: VO Funk
SAR	Search and Rescue - Suche und Rettung
SART	Search And Rescue Radar Transponder, spezieller Radartransponder zur Kennzeichnung der Seenotposition auf dem Bildschirm eines 3-cm (9-GHz) Radargerätes
SchSV:	Verordnung über die Sicherheit der Seeschiffe, (Schiffssicherheitsverordnung)
SeeFuSt	Seefunkstelle, mobile Funkstelle des Seefunkdienstes an Bord eines nicht dauernd verankerten Seefahrzeugs
SOLAS	International Convention for the Safety of Life at Sea - Internationales Übereinkommen zum Schutz des menschlichen Lebens auf See
S/Y	Sailingyacht
TKG	Telekommunikationsgesetz
TR	Travel Report, Ab- und Anmeldung einer SeeFuSt bei einer KüFuSt
Transceiver	Kunstwort aus Transmitter und Receiver (Sender und Empfänger), z.B. der Transceiver Inmarsat-C-Anlage
TX	Transmitter, Sender
UTC	Universal Time Coordinated, koordinierte Weltzeit (früher GMT), Grundlage der Zeitsignalaussendungen
VHF	Very High Frequency - UKW (30 - 300 MHz), Ultrakurzwellen
VO Funk	Vollzugsordnung für den Funkdienst; englisches Original: RR = Radio Regulations
WX	Wetterbericht

23. Vokabelliste

abnehmender Wind	decreasing wind
Abstand halten	keep a berth
allgemein	general
Anker	anchor
Antrieb	propulsion
Aufschrift TEXASCON	marked with TEXASCON
Austausch der Betonnung	replacement of buoyage
Backbord	port side
Bauholz	timber
benachrichtigen	inform
benötige sofortige Hilfe	require immediate assistance
benötigen dringend Schlepphilfe	require urgent tug assistance
benötigen Hubschrauber	require helicopter
beobachtet	observed
berichten	report
Besatzungsmitglied	crew member
Bestimmungshafen Visby	bound for Visby
bewusstlos	unconscious
Bohrplattform	drilling platform
Brandabwehr	fire fighting
Breitengrad	latitude
Brise	breze
Brücke	bridge
Bucht	bay
defekter Ruderanlage	defective steering gear
drohende Gefahr	imminent danger
Dünung	swell
eintauchen	submerge
Eisberg	iceberg
Eisbrecher	icebreaker
empfangen	receive
Empfänger	receiver
entfernt	away
Entfernung	distance
Fahrwasser	fairway
Fahrzeug, bzw. Schiff	vessel
falsch	false
Feuer im Motorraum	fire in engine room
Feuer nicht unter Kontrolle	fire not under control
Fischereifahrzeug	fishing vessel
Fischereigeschirr	fishing gear
Flugzeug	aircraft
folgendes empfangen	following received
Gebiet	area
gebrochener Mast	broken mast
gekentertes Rettungsfloß	capsized liferaft
Geschwindigkeit	speed

gestatten	permit
Gesundheit	health
Getriebe	gear
Glockentonne	bell buoy
Grad	degrees
Güter	goods
hohe Dünung	high swell
in der Lage sein	to be able to
in Sichtweite	in vicinity
Kentergefahr	danger of capsizing
kentern	capsize
Kette	chain
Kiel	keel
Knoten	knots
Kollision	collision
krank	ill
kritischer Zustand	critical condition
Kurs	course
Küstenwache	coastguard
Ladung	cargo
Länge	length
Längengrad	longitude
Längsseits	along site
Leucht- und Heultonne	light and whistle buoy
Leuchttonne verlöscht	light buoy unlit
Leuchtturm	lighthouse
manövrierunfähig	not under command
mäßige bis schlechte Sicht	moderate to poor visibility
medizinische Beratung	medical advice
medizinische Hilfe	medical assistance
Meldung, Durchsage	broadcast
Nachricht	message
Nautische Warnung	navigational warning
navigieren	navigate
noch einmal	once again
Notalarm	distress alert
orten	locate
Ortszeit	local time
Person über Bord	person over board
Position	position
Position ansteuern	approach to position
Ratschlag	advice
Rauch	smoke
raue See	rough sea
rechtdrehend	veering
rechtweisende Peilung	true bearing
rechtweisender Kurs	true course
Regen	rain
Rettung	rescue

Rettungsboot	lifeboat
Rote Raketen beobachtet	red rockets observed
rückdrehend	backing
Ruder gebrochen	broken rudder
Ruderschaden	damaged rudder
Rufzeichen	callsign
Rumpf	hull
Schaden	damage
scharf Ausschau halten	keep sharp lookout
Schauer	showers
Schiff brennt	vessel on fire
Schiff treibt	ship is drifting
Schiff verlassen	abandon the vessel
Schiffe	Ships
Schifffahrt	shipping, navigation
Schiffsaufbauten	superstructures
Schlepper	tug
schwer verletzt	seriously injured
Seeschifffahrtsstraße	waterway
Segel	sails
sehr schwere See	very rough sea
Sender	transmitter
Sicherheit	safety
Sicherungsgurt	lifebelt
sinken	sinking
Sprühregen	drizzle
starke Schlagseite	heavy list
Steuerbord	starboard side
Sturmwarnung	gale warning
Tiefgang	draft
Tiefwasserweg	deep water lane
treiben auf die Sände zu	drifting towards the banks
überfällig	overdue
Überlebende	survivors
Umwelt	environment
Unfall	accident
unter Kontrolle	under control
unterstützen	assist
Unterwasser Kabelarbeiten	underwater cable operations
unterwegs	underway
Verdacht auf Herzinfarkt	suspect of heart attack
Verkehrstrennungsgebiet	Traffic separation scheme
verloren	lost
verloschen	unlit
Vorhersagegebiet	forecast area
Vorsicht	caution
vorsichtig	carefully
Wassereinbruch	flooding
Westliche Ostsee	Western Baltic (Sea)
Wettervorhersage	weather forecast

wiederholen	repeat
wir müssen das Schiff verlassen	we have to abandon the vessel
Wirbelsturm	cyclone
Wrack	wreck
Yachthafen	marina
zuletzt gesichtet	last seen
zunehmend	increase
zunehmend auf Sturmstärke	increasing to gale

24. Quellenverzeichnis

- Aktualisierung der Sprechfunkverfahren und Fragenkataloge 2018, Fachstelle der WSV für Verkehrstechniken, Mai 2018
- Bundesamt für Seeschifffahrt und Hydrographie, www.bsh.de, Bereich Produkte.
- IMO Standard Marine Communication Phrases, Resolution A.918 (22), 25 January 2002.
- Radio Regulations 2012, Chapter 7, ARTICLE 32.
- Radio Regulations 2012 - volume 4. Operational procedures for the use of digital selective-calling equipment in the maritime mobile service, Seite 73ff
- Frequenzen Verwendungszwecke gemäß VO-Funk, Anhang 18. oder Frequenznutzungsplan der Bundesnetzagentur.
- Durchführungsrichtlinie Funkbetriebszeugnisse, Verkehrsblatt Heft 15-2011 , Nr. 159, Seite 517 ff, mit Datum vom 26. Juli 2011.
- SafetyNET Benutzerhandbuch 2013.
- Admiralty List of Radio Signals: Volume 5, Global Maritime Distress and Safety System, 2014/15.
- www.imo.org
- www.itu.int/online/mms/mars/ship_search.sh
- Bundeswasserstraßen nach dem Anhang I der Binnenschiffsuntersuchungsordnung vom 6. Dezember 2008 (BGBl. I S. 2450) in der jeweils geltenden Fassung.
- www.elwis.de.
- Inmarsat Handbuch.
- Antrag auf Zuteilung von Nummern des mobilen See- und Binnenschifffahrtsfunks, Bundesnetzagentur 2015
- Handbuch Binnenschifffahrtsfunk, Ausgabe 2014, Allgmeiner Teil.
- Regionale Vereinbarung über den Binnenschifffahrtsfunk, 2014
- Binnenschifffahrt-Sprechfunkverordnung 2002, §4 - Erlaubnis.
- Binnenschifffahrt-Sprechfunkverordnung, 2. Abschnitt: Betriebsvorschriften, § 4, § 6.
- Binnenschifffahrt-Sprechfunkverordnung, 2. Abschnitt: Betriebsvorschriften § 3.
- Binnenschifffahrt-Sprechfunkverordnung, Anlage 4.

25. Stichwortverzeichnis

A

B

C

D

E

F

G

H

I

K

L

M

N

O

P

R

S

T

U

V

W

Z

Printed in Poland
by Amazon Fulfillment
Poland Sp. z o.o., Wrocław

71157616R00098